DIANLI AN
DIANXIN

电力安全生产
典型违章100例

通信与营销部分

国网河北省电力有限公司安全监察部◎编著

中国电力出版社
CHINA ELECTRIC POWER PRESS

图书在版编目（CIP）数据

电力安全生产典型违章 100 例. 通信与营销部分/国网河北省电力有限公司安全监察部编著. —北京：中国电力出版社，2023.5（2024.6 重印）
ISBN 978-7-5198-7658-6

Ⅰ．①电… Ⅱ．①国… Ⅲ．①电力工程－违章作业－图集 ②电力通信系统－违章作业－图集 ③电力工业－营销管理－违章作业－图集 Ⅳ．①TM08-64

中国国家版本馆 CIP 数据核字（2023）第 045386 号

出版发行：中国电力出版社
地　　址：北京市东城区北京站西街 19 号（邮政编码 100005）
网　　址：http://www.cepp.sgcc.com.cn
责任编辑：孙　芳（010-63412381）
责任校对：黄　蓓　郝军燕
装帧设计：赵姗姗
责任印制：吴　迪

印　　刷：三河市万龙印装有限公司
版　　次：2023 年 5 月第一版
印　　次：2024 年 6 月北京第三次印刷
开　　本：787 毫米×1092 毫米　24 开本
印　　张：7.5
字　　数：155 千字
印　　数：4701—5700 册
定　　价：60.00 元

内容
提要

　　安全是生命之本，违章是事故之源。电力企业的反违章工作是确保安全生产的重要环节。为规范电力生产现场管理，提高各级人员安全意识，推进现场标准化作业，规范安全行为，杜绝安全事故发生，国网河北省电力有限公司组织编写了《电力安全生产典型违章100例》系列书，包括输电部分、变电部分、配电部分、基建部分、通信与营销部分5个分册。

　　本书为《电力安全生产典型违章100例　通信与营销部分》，主要内容包括综合专业严重违章清单，在发、输、变（不包括特高压、超高压交、直流）、配电和客户电气设备进行运维、检修、带电作业、建设施工、信息通信等作业过程中出现的典型违章案例及分析。

　　本书可作为电力企业生产管理人员、安全管理人员的工作实用手册，也可作为反违章安全教育的培训教材及学习资料。

编　委　会

习近平总书记指出："推动创新发展、协调发展、绿色发展、开放发展、共享发展，前提都是国家安全、社会稳定。没有安全和稳定，一切都无从谈起"。因此，牢固树立安全发展观念，坚持人民利益至上，是坚持党的群众路线，实事求是做好安全工作的具体实践。从安全生产到安全发展，不仅是一次重大的理论建树，更是新时期进一步加强安全工作的总纲领、总标准。在改革发展的大背景下，电网企业的安全工作被赋予了更加特殊的意义，其安全需求更加迫切，安全问题更加复杂，安全管理更加关键，安全约束更加严苛。复杂多变的外部环境给队伍建设提出了更高的要求，"人"既是安全发展的关键因素，也是安全工作的薄弱环节，唯有促其勤思善学、勇于担当、开拓进取，方能培育其安全习惯，提升其安全素养。"明者防患于未萌，智者图患于将来"，教会员工主动防范、提前预控违章行为是杜绝事故的良策，关键要通过建立简化机制、可视机制，变违章行为感性认识为理性认知，从意识强化、规程认知、技术技能培养等方面培塑本质型安全人。

安全是生命之本，违章是事故之源。电力企业的反违章工作是确保安全生产的重要环节。为规范电力生产现场管理，提高各级人员安全意识，推进现场标准化作业，规范安全行为，杜绝安全事故发生，国网河北省电力有限公司组织编写了《电力安全生产典型违章100例》系列书。

本书为《电力安全生产典型违章100例　通信与营销部分》，对《国家电网有限公司关于进一步规范和明确反违章工作有关事项的通知》（国家电网安监〔2023〕234号）中列出的三类严重违章，结合信息通信和营销专业进行了梳理，并细化至信息通信和营销常规作业项目，便于日常应用。

本系列书中的案例，均来自近两年国网总部及国网河北省电力有限公司开展"四不两直"安全督查发现的违章，分输电、变电、配电、基建、通信与营销专业，共5个分册，各编写了100条，从违章表现、违章后果、违反条款三个方面进行了说明。这些发生在我们身边的案例，通过通俗易懂的语言进行解读，使读者方便了解、易于接受；通过现场真实的图片进行展示，并辅以违反的安全规程条款及管控措施，有利于生产一线员工结合实际查找身边的违章，深入剖析违章原因，自查自纠，自觉反违章、不违章，增强遵章守纪的自觉性。

　　本书以实际案例指出了在电力生产中发生的典型违章行为，对于加强反违章管理具有重要意义。本书所讲公司均指国家电网有限公司，特此说明！

　　鉴于本书作者知识面及经验的局限性，书中错漏之处在所难免，敬请广大专家和读者批评指正。

编　者

2023 年 5 月

CONTENTS

目录

CONTENTS

目录

第一部分
综合（信息通信专业）
严重违章清单

一、严重违章对应安全事件

二、严重违章清单

三、作业项目对应严重违章条款

四、严重违章依据条款

一、严重违章对应安全事件

按照《国家电网有限公司关于进一步规范和明确反违章工作有关事项的通知》（国家电网安监〔2023〕234 号）、《国网安监部关于规范作业现场视频存储工作的通知》（安监二〔2022〕27 号），若发现严重违章，上级违章查处单位要及时下发《严重违章整改通知书》，并责成违章单位对照公司《安全工作奖惩规定》中关于安全事件的追责条款，按照"三个必须"原则对违章责任人进行惩处，其中Ⅰ～Ⅲ类严重违章分别按五～七级安全事件惩处（见表 1-1）。对重复发生严重违章的相关单位责任者，自第二起提升惩处等级，直至五级安全事件（见表 1-1）。

表 1-1　严重违章类别与对应安全事件系统及处罚标准

违章类别	对应安全事件等级	处罚标准
Ⅰ类严重违章	六级安全事件	1. 对主要责任者给予通报批评或警告至记过处分。 2. 对同等责任者给予通报批评或警告处分。 3. 对次要责任者给予通报批评。 4. 对事故责任单位有关分管领导、责任者所在单位二级 机构负责人及上述有关责任人员给予 2000～3000 元的经济处罚。 5. 对事故其他处罚事项，由公司安委会决定
Ⅱ类严重违章	七级安全事件	1. 对主要责任者给予通报批评或警告处分。 2. 对同等责任者给予通报批评。 3. 对事故责任者所在单位二级机构负责人及上述有关责任人员给予 1000～2000 元的经济处罚。 4. 对事故其他处罚事项，由公司安委会决定

违章类别	对应安全事件等级	处罚标准
Ⅲ类严重违章	八级安全事件	1. 对主要责任者给予通报批评。 2. 对事故责任者所在单位二级机构负责人及上述有关责任人员给予 500～1000 元的经济处罚。 3. 对事故其他处罚事项，由公司安委会决定
对重复发生严重违章的相关单位责任者，自第二起提升惩处等级，直至五级安全事件	五级安全事件	1. 对主要责任者所在单位二级机构负责人给予通报批评。 2. 对主要责任者给予警告至记过处分。 3. 对同等责任者给予通报批评或警告至记过处分。 4. 对次要责任者给予通报批评或警告处分。 5. 对事故责任单位有关领导及上述有关责任人员给予 3000～5000 元的经济处罚。 6. 对事故其他处罚事项，由公司安委会决定

二、严重违章清单

按照《国家电网有限公司关于进一步规范和明确反违章工作有关事项的通知》（国家电网安监〔2023〕234 号）、《国网安监部关于规范作业现场视频存储工作的通知》（安监二〔2022〕27 号），对综合专业涉及条款进行了梳理，共梳理Ⅰ类严重违章 9 条、Ⅱ类严重违章 2 条、Ⅲ类严重违章 11 条。

Ⅰ类严重违章（9 条）

1. 作业安全管理违章：无日计划作业，或实际作业内容与日计划不符。

2. 作业安全管理违章：工作负责人（作业负责人、专责监护人）不在现场，或劳务分包人员担任工作负责人（作业负责人）。

3. 作业安全行为违章：未经工作许可，即开始工作。

4. 作业安全管理违章：无票工作。

5. 作业安全行为违章：作业人员不清楚工作任务、危险点。

6. 作业安全管理违章：超出作业范围未经审批。

7. 作业安全行为违章：高处作业、攀登或转移作业位置时失去保护。

8. 作业安全行为违章：有限空间作业未执行"先通风、再检测、后作业"要求；未正确设置监护人；未配置或不正确使用安全防护装备、应急救援装备。

9. 作业安全管理违章：使用达到报废标准的或超出检验期的安全工器具。

Ⅱ类严重违章（2条）

10. 网络安全管理违章：未按要求开展网络安全等级保护定级、备案和测评工作。

11. 网络安全管理违章：未按要求开展通信网管安全等级保护定级、备案和测评工作。

Ⅲ类严重违章（11条）

12. 作业安全管理违章：将高风险作业定级为低风险。

13. 作业安全管理违章：现场作业人员未经安全准入考试并合格；因故间断电力通信工作连续六个月以上者，未经专门安全教育培训，并经考试合格上岗。

14. 作业安全管理违章：不具备"三种人"资格的人员担任工作票签发人、工作负责人或许可人。

15. 作业安全管理违章：特种作业人员未依法取得资格证书。

16. 作业安全行为违章：票面缺少工作负责人、工作班成员签字等关键内容。

17. 作业安全行为违章：未按规定开展现场勘察或未留存勘察记录；工作票签发人和工作负责人均未参加现场勘察。

18. 作业安全行为违章：三级及以上风险作业管理人员未到岗到位进行管控。

19. 网络安全管理违章：网络边界未按要求部署安全防护设备并定期进行特征库升级；研发环境安全防护缺失，未部署防火墙等安全设备。

20. 运行安全管理违章：留存的相关网络日志少于六个月。

21. 数据安全行为违章：未经批准，向外部单位提供公司的涉密数据和重要数据；未经审批，私自将重要数据存储于互联网企业平台。

22. 研发安全行为违章：程序开发代码中私设恶意及与功能无关的程序；引入留有后门、存在漏洞的开源代码。

三、作业项目对应严重违章条款

按照《国家电网有限公司关于进一步规范和明确反违章工作有关事项的通知》（国家电网安监〔2023〕234 号）中列出的三类严重违章，对信息通信专业常规作业项目逐一梳理出对应的可能出现的严重违章条款，见表 1-2。

表 1-2　信息通信专业常规作业项目对应的可能出现的严重违章条款

序号	作业项目	可能出现的严重违章条款
1	通信设备安装、拆除、检修作业	I：1、2、3、4、5、6、7、8、9 II：11 III：12、13、14、15、16、17、18
2	通信电源安装、拆除、检修作业	I：1、2、3、4、5、6、7、8、9 III：12、13、14、15、16、17、18
3	通信电源蓄电池组装拆、充放电试验作业	I：1、2、3、4、5、6、7、8、9 III：12、13、14、15、16、17、18
4	网络设备安装、拆除作业	I：1、2、3、4、5、6、9 III：12、13、14、15、16、17、18、19、20、21、22
5	网络设备检修作业	I：1、2、3、4、5、6、9 III：12、13、14、15、16、17、18、19、20、21、22
6	UPS 电源安装、拆除、检修作业	I：1、2、3、4、5、6、9 III：12、13、14、15、16、17、18、19
7	UPS 电源蓄电池组充放电试验作业	I：1、2、3、4、5、6、9 III：12、13、14、15、16、17、18、19

序号	作业项目	可能出现的严重违章条款
8	信通设备春/秋季巡检	Ⅰ：1、2、3、4、5、6、7、8、9 Ⅱ：10、11 Ⅲ：12、13、14、15、16、17、18、19、20、21
9	ADSS 光缆架设作业	Ⅰ：1、2、3、4、5、6、7、8、9 Ⅲ：12、13、14、15、16、17、18
10	ADSS 光缆故障/缺陷处置作业	Ⅰ：1、2、3、4、5、6、7、8、9 Ⅲ：12、13、14、15、16、17、18
11	地埋光缆敷设、消缺作业	Ⅰ：1、2、3、4、5、6、7、8、9 Ⅲ：12、13、14、15、16、17、18
12	OPGW 光缆纤芯消缺作业	Ⅰ：1、2、4、5、6、7、8、9 Ⅲ：12、13、14、15、16、17、18
13	机房基础环境治理、动环监控系统检修作业	Ⅰ：1、2、3、4、5、6、7、8、9 Ⅱ：10、11 Ⅲ：12、13、14、15、16、17、18、19、20、21、22

四、严重违章依据条款

按照《国家电网有限公司关于进一步规范和明确反违章工作有关事项的通知》（国家电网安监〔2023〕234 号）中列出的三类严重违章，对依据条款详细内容进行了完善（见表 1-3）。

表 1-3 严重违章依据条款

编号	严重违章	表现形式	依据条款
Ⅰ类严重违章（9条）			
1	无日计划作业，或实际作业内容与日计划不符	1. 日作业计划（含临时计划、抢修计划）未录入安全生产风险管控平台。 2. 安全生产风险管控平台中日计划取消后，实际作业未取消。 3. 现场作业超出安全生产风险管控平台中作业计划范围	**《国家电网有限公司作业安全风险管控工作规定》**（国家电网企管〔2023〕55号）第十七条：各类生产施工作业均应纳入计划管控，严禁无计划作业。各单位计划性生产施工作业任务均应严格落实"周安排、日管控"要求，以周为单位进行统筹部署安排，明确周内每日作业内容及其作业风险，并按周进行汇总统计和审核发布。 **《国网安委办关于推进"四个管住"工作的指导意见》**（国网安委办〔2020〕23号）第三条："四个管住"重点内容（一）"管住计划"1.计划管理。各级专业管理部门按照"谁主管、谁负责"分级管控要求，严格执行"月计划、周安排、日管控"制度，加强作业计划与风险管控，健全计划编制、审批和发布工作机制，明确各专业计划管理人员，落实管控责任。按照作业计划全覆盖的原则，将各类作业计划纳入管控范围，应用移动作业手段精准安排作业任务，坚决杜绝无计划作业
2	工作负责人（作业负责人、专责监护人）不在现场，或劳务分包人员担任工作负责	1. 工作负责人（作业负责人、专责监护人）未到现场。 2. 工作负责人（作业负责人）暂时离开作业现场时，未指定能胜任的人员临时代替。 3. 工作负责人（作业负责人）	**《国家电网公司关于印发生产现场作业"十不干"的通知》**（国家电网安质〔2018〕21号）"十不干"第十条：工作负责人（专责监护人）不在现场的不干。

编号	严重违章	表现形式	依据条款
2	人（作业负责人）	长时间离开作业现场时，未由原工作票签发人变更工作负责人。 4. 专责监护人临时离开作业现场时，未通知被监护人员停止作业或离开作业现场。 5. 专责监护人长时间离开作业现场时，未由工作负责人变更专责监护人。 6. 劳务分包人员担任工作负责人（作业负责人）	**《国家电网有限公司业务外包安全监督管理办法》**（国家电网企管〔2023〕55号）第四十九条：劳务人员不得独立承担危险性大、专业性强的施工作业，必须在发包方有经验人员的带领和监护下进行
3	未经工作许可，即开始工作	1. 公司系统电网生产作业未经调度管理部门或设备运维管理单位许可，擅自开始工作。 2. 在用户管理的变电站或其他设备上工作时未经用户许可，擅自开始工作	**《国家电网公司电力安全工作规程（电力通信部分）（试行）》**（国家电网安质〔2018〕396号）第3.3.4条：填用电力通信工作票的工作，工作负责人应得到工作许可人的许可，并确认电力通信工作票所列的安全措施全部完成后，方可开始工作。许可手续（工作许可人姓名、许可方式、许可时间等）应记录在电力通信工作票上
4	无票工作	1. 在运用中电气设备上及相关场所的工作，未按照《安规》规定使用工作票、事故紧急抢修单。 2. 未按照《安规》规定使用施工作业票。	**《国家电网公司关于印发生产现场作业"十不干"的通知》**（国家电网安质〔2018〕21号）"十不干"第一条：无票的不干。 **《国家电网公司电力安全工作规程（电力通信部分）（试行）》**（国家电网安质〔2018〕396号）第3.2.5.4条：在电力通信工作票的安全措施范围内增加工作任务时，

编号	严重违章	表现形式	依据条款
4		3. 未使用审核合格的操作票进行倒闸操作。 4. 未根据值班调控人员、运维负责人正式发布的指令进行倒闸操作。 5. 在油罐区、注油设备、电缆间、计算机房、换流站阀厅等防火重点部位（场所）以及政府部门、本单位划定的禁止明火区动火作业时，未使用动火票	在确定不影响系统运行方式和业务运行的情况下，应由工作负责人征得工作票签发人和工作许可人同意，并在电力通信工作票上增加工作任务。若需变更或增设安全措施者，应办理新的电力通信工作票。第3.2.6.1条：电力通信工作票的有效期，以批准的检修时间为限。第3.2.6.2条：办理电力通信工作票延期手续，应在电力通信工作票的有效期内，由工作负责人向工作许可人提出申请，得到同意后给予办理
5	作业人员不清楚工作任务、危险点	1. 工作负责人（作业负责人）不了解现场所有的工作内容，不掌握危险点及安全防控措施。 2. 专责监护人不掌握监护范围内的工作内容、危险点及安全防控措施。 3. 作业人员不熟悉本人参与的工作内容，不掌握危险点及安全防控措施。 4. 工作前未组织安全交底、未召开班前会（站班会）	**《国家电网公司关于印发生产现场作业"十不干"的通知》**（国家电网安质〔2018〕21号）"十不干"第二条：工作任务、危险点不清楚的不干

编号	严重违章	表现形式	依据条款
6	超出作业范围未经审批	1. 在原工作票的停电及安全措施范围内增加工作任务时，未征得工作票签发人和工作许可人同意，未在工作票上增填工作项目。 2. 原工作票增加工作任务需变更或增设安全措施时，未重新办理新的工作票，并履行签发、许可手续	《国家电网公司关于印发生产现场作业"十不干"的通知》（国家电网安质〔2018〕21号）"十不干"第四条：超出作业范围未经审批的不干
7	高处作业、攀登或转移作业位置时失去保护	1. 高处作业未搭设脚手架、使用高空作业车、升降平台或采取其他防止坠落措施。 2. 在没有脚手架或者在没有栏杆的脚手架上工作，高度超过1.5m时，未用安全带或采取其他可靠的安全措施。 3. 在屋顶及其他危险的边沿工作，临空一面未装设安全网或防护栏杆或作业人员未使用安全带。 4. 杆塔上水平转移时未使用水平绳或设置临时扶手，垂直转移时未使用速差自控器或安全自锁器等装置	《国家电网公司关于印发生产现场作业"十不干"的通知》（国家电网安质〔2018〕21号）"十不干"第八条：高处作业防坠落措施不完善的不干

编号	严重违章	表现形式	依据条款
8	有限空间作业未执行"先通风、再检测、后作业"要求；未正确设置监护人；未配置或不正确使用安全防护装备、应急救援装备	1. 有限空间作业前未通风或气体检测浓度高于《国家电网有限公司有限空间作业安全工作规定》附录7规定要求。 2. 有限空间作业未在入口设置监护人或监护人擅离职守。 3. 未根据有限空间作业的特点和应急预案、现场处置方案，配备使用气体检测仪、呼吸器、通风机等安全防护装备和应急救援装备；当作业现场无法通过目视、喊话等方式进行沟通时，未配备对讲机；在可能进入有害环境时，未配备满足作业安全要求的隔绝式或过滤式呼吸防护用品	**《国家电网公司关于印发生产现场作业"十不干"的通知》**（国家电网安质〔2018〕21号）"十不干"第九条：有限空间内气体含量未经检测或检测不合格的不干
9	使用达到报废标准的或超出检验期的安全工器具	使用的个体防护装备、绝缘安全工器具、登高工器具等专用工具和器具存在以下问题： 1. 外观检查明显损坏或零部件缺失影响工器具防护功能； 2. 超过有效使用期限； 3. 试验或检验结果不符合国	**《国家电网公司关于印发生产现场作业"十不干"的通知》**（国家电网安质〔2018〕21号）"十不干"第六条：现场安全措施布置不到位、安全工器具不合格的不干 **《国家电网有限公司电力安全工器具管理规定》**（国家电网企管〔2023〕55号）第三十五条：报废的安全工器具应及时清理，不得与合格的安全工器具存放在一起，严禁使用报废的安全工器具

编号	严重违章	表现形式	依据条款
9		家或行业标准； 4. 超出检验周期或检验时间涂改、无法辨认； 5. 无有效检验合格证或检验报告	

Ⅱ类严重违章（2条）

编号	严重违章	表现形式	依据条款
10	未按要求开展网络安全等级保护定级、备案和测评工作	1. 未按照《中华人民共和国信息安全技术网络安全等级保护定级指南》要求，对信息系统进行定级，或信息系统定级与实际情况不相符。 2. 未按照《国家电网有限公司网络安全等级保护建设实施细则》要求，第三级及以上系统每年开展一次网络安全等级测评，第二级信息系统上线后开展网络安全等级测评，在后续运行中按需开展测评。 3. 新建系统在正式投运30日内，已投运系统在等级确定后30日内，未向所在地公安机关和所在地电力行业主管部门进行备案。	《国家电网有限公司十八项电网重大反事故措施（2018年修订版）》第16.5.1.2条：在系统可研阶段，系统建设单位应组织系统承建单位对系统进行预定级，编制定级报告，并由本单位信息化管理部门同意后，报行业监管部门和公安部门申请进行信息系统等级定级审批。第16.5.3.1条：系统上线运行一个月内，由信息化管理部门和相关业务部门根据国家网络安全等级保护有关要求，进行网络安全等级保护备案，组织国家或电力行业认可的队伍开展等级保护符合性测评。二级系统每两年至少进行一次等级测评，三级系统和四级系统每年至少进行一次等级测评。当系统发生重大升级、变更或迁移后需立即进行测评。相关业务部门要会同信息化管理部门对等级保护测评中发现的安全隐患进行整改

编号	严重违章	表现形式	依据条款
10		4. 开展等级保护测评的机构不符合国家有关规定，未在公安部门、国家能源局备案，或未通过电力测评机构技术能力评估	
11	未按要求开展通信网管安全等级保护定级、备案和测评工作		**《国家电网有限公司十八项电网重大反事故措施（2018 年修订版）》**第 16.3.3.14 条：加强通信网管系统运行管理，落实数据备份、病毒防范和网络安全防护工作，定期开展网络安全等级保护定级备案和测评工作，及时整改测评中发现的安全隐患
Ⅲ类严重违章（11 条）			
12	将高风险作业定级为低风险	三级及以上作业风险定级低于实际风险等级	**《国家电网有限公司作业安全风险管控工作规定》**（国家电网企管〔2023〕55 号）第二十七条：作业风险定级应以每日作业计划为单元进行，同一作业计划内包含多个不同等级工作或不同类型的风险时，按就高原则定级
13	现场作业人员未经安全准入考试并合格；因故间断电力通信工作连续六个月以上者，未经专门安全教育培训，并经考试合格上岗	1. 现场作业人员在安全生产风险管控平台中，无有效期内的准入合格记录。2. 新进、转岗和离岗 3 个月以上电气作业人员，未经安全教育培训，并经考试合格上岗	**《国家电网公司电力安全工作规程（电力通信部分）（试行）》**（国家电网安质〔2018〕396 号）第 2.1.3 条：作业人员对本规程应每年考试一次。因故间断电力通信工作连续六个月以上者，应重新学习本规程，并经考试合格后，方可恢复工作

编号	严重违章	表现形式	依据条款
14	不具备"三种人"资格的人员担任工作票签发人、工作负责人或许可人	地市级或县级单位未每年对工作票签发人、工作负责人、工作许可人进行培训考试，合格后书面公布"三种人"名单	**《国家电网公司电力安全工作规程（电力通信部分）（试行）》**（国家电网安质〔2018〕396号）第3.2.7条：电力通信工作票所列人员的基本条件。第3.2.7.1条：工作票签发人应由熟悉作业人员技术水平、熟悉相关电力通信系统情况、熟悉本规程，并具有相关工作经验的领导人员、技术人员或经电力通信运维单位批准的人员担任，名单应公布。检修单位的工作票签发人名单应事先送有关电力通信运维单位备案。第3.2.7.2条：工作负责人应由有本专业工作经验，熟悉工作范围内电力通信系统情况、熟悉本规程、熟悉工作班成员工作能力，并经电力通信运维部门批准的人员担任，名单应公布。检修单位的工作负责人名单应事先送有关电力通信运维部门备案。第3.2.7.3条：工作许可人应由有一定工作经验、熟悉工作范围内电力通信系统情况、熟悉本规程，并经电力通信运维部门批准的人员担任，名单应公布
15	特种作业人员未依法取得资格证书	1. 涉及生命安全、危险性较大的锅炉、压力容器（含气瓶）、压力管道、电梯、起重机械、客运索道和场（厂）内专用机动车辆等特种设备作业人员，未依据《特种设备作业人员监督管理办法》（国家质量监督检验检疫总	**《特种作业人员安全技术培训考核管理规定》**（国家安全生产监督管理总局令第30号）第五条：特种作业人员必须经专门的安全技术培训并考核合格，取得《中华人民共和国特种作业操作证》（以下简称特种作业操作证）后，方可上岗作业

编号	严重违章	表现形式	依据条款
15		局令第140号）从特种设备安全监督管理部门取得特种作业人员证书。 2. 高（低）压电工、焊接与热切割作业、高处作业、危险化学品安全作业等特种作业人员，未依据《特种作业人员安全技术培训考核管理规定》（国家安全生产监督管理总局令第30号）从应急、住建等部门取得特种作业操作资格证书。 3. 特种设备作业人员、特种作业人员、危险化学品从业人员资格证书未按期复审	
16	票面缺少工作负责人、工作班成员签字等关键内容	1. 工作票（包括作业票、动火票等）票种使用错误。 2. 工作票（含分票、工作任务单、动火票等）票面缺少工作许可人、工作负责人、工作票签发人、工作班成员（含新增人员）等签字信息；作业票缺少审核人、签发人、作业人员（含新增人员）等签字信息。	**《国家电网公司电力安全工作规程（电力通信部分）（试行）》**（国家电网安质〔2018〕396号）第3.2.5.3条：需要变更工作班成员时，应经工作负责人同意，在对新的作业人员履行安全交底手续后，方可参与工作。工作负责人一般不得变更，如确需变更的，应由原工作票签发人同意并通知工作许可人。原工作负责人、现工作负责人应对工作任务和安全措施进行交接，并告知全体工作班成员。人员变动情况应记录在电力通信工作票备注栏中。第7.2.2条 应填用电力通信工作票的工作。

编号	严重违章	表现形式	依据条款
16		3. 工作票（含分票、工作任务单、动火票等）票面线路名称（含同杆多回线路双重称号）、设备双重名称填写错误；作业中工作票延期、工作负责人变更、作业人员变动等未在票面上准确记录。 4. 工作票（含分票、工作任务单、动火票、作业票等）票面防触电、防高坠、防倒（断）杆、防窒息等重要安全技术措施遗漏或错误	第7.2.3条　不需填用电力通信工作票的通信工作，应使用其他书面记录或按口头、电话命令执行。第7.2.4条　电力通信工作票的填写与签发。第7.2.5条　电力通信工作票的使用。
17	未按规定开展现场勘察或未留存勘察记录；工作票签发人和工作负责人均未参加现场勘察	1.《国家电网有限公司作业安全风险管控工作规定》附录5"需要现场勘察的典型作业项目"（详见附件4）未组织现场勘察或未留存勘察记录。 2. 输变电工程三级及以上风险作业前，未开展作业风险现场复测或未留存勘察记录。 3. 工作票（作业票）签发人、工作负责人均未参加现场勘察。 4. 现场勘察记录缺少与作业	《电力通信现场作业风险管控实施细则（试行）》第十二条：作业任务确定后，作业单位应根据作业类型、作业内容，规范组织开展现场勘察、风险因素识别等工作。工作负责人或工作票签发人应参加现场勘察。需要进行现场勘察的典型作业项目见附录3。其他经评估具有较大风险的作业，作业单位应根据实际情况组织现场勘察。 《国家电网有限公司作业安全风险管控工作规定》（国家电网企管〔2023〕55号）第二十二条：作业风险辨识及评估定级前，应通过作业任务分析、现场勘察等方式全面了解掌握作业现场条件、环境及作业可能存在的危险点，一般应由工作负责人或工作票签发人组织；需

编号	严重违章	表现形式	依据条款
17		相关的临近带电体、交叉跨越、周边环境、地形地貌、土质、临边等安全风险	要现场勘察的典型作业项目（详见附录5），其中：（一）承发包工程作业涉及停电及近电作业，应由项目主管部门、单位组织，设备运维管理单位和作业单位共同参与。（二）涉及多专业、多单位的大型复杂作业项目，应由项目主管部门、单位组织相关人员共同参与
18	三级及以上风险作业管理人员未到岗到位进行管控	1. 一级风险作业，相关地市公司级单位或建设管理单位副总师及以上领导未到岗到位；省公司级单位专业管理部门未到岗到位。 2. 二、三级风险作业相关地市公司级单位或建设管理单位专业管理部门负责人或管理人员、县公司级单位负责人未到岗到位。 3. 三级风险作业，监理未全程旁站；二级及以上风险作业，项目总监或安全监理未全程旁站	《电力通信现场作业风险管控实施细则（试行）》第二十条：三级作业风险，四级领导人员（四/五级职员）或地市级单位专业管理部门人员应到岗到位。《国家电网有限公司作业安全风险管控工作规定》（国家电网企管〔2023〕55号）第四十六条：各级单位应建立健全现场到岗到位管理制度机制，细化到岗到位标准和工作内容，加强对作业高风险工序期间现场组织管理、人员责任和管控措施落实情况检查。（一）三级风险作业，相关地市供电公司级单位或建设管理单位专业管理部门人员、县供电公司级单位、二级机构负责人或专业管理部门人员应到岗到位。（二）二级及以上风险作业，相关地市供电公司级单位或建设管理单位副总师及以上领导、专业管理部门负责人或省电力公司级单位专业管理部门人员应到岗到位。各单位、专业到岗到位要求不得低于上述标准，专业部门对作业现场到岗到位有特殊要求的按其专业制度管控要求执行

编号	严重违章	表现形式	依据条款
19	网络边界未按要求部署安全防护设备并定期进行特征库升级；研发环境安全防护缺失，未部署防火墙等安全设备	1. 管理信息内网与外网之间、管理信息大区与生产控制大区之间的边界未采用国家电网公司认可的隔离装置进行安全隔离。 2. 安全防护设备未定期进行特征库升级，未及时调整安全防护策略	**《国家电网有限公司十八项电网重大反事故措施（2018 年修订版）》**第 16.5.3.6 条：网络边界应按照安全防护要求部署安全防护设备，并定期进行特征库升级，及时调整安全防护策略，强化日常巡检、运行监测、安全审计，保持网络安全防护措施的有效性。 **《国家电网公司电力安全工作规程（信息部分）（试行）》**（国家电网安质〔2018〕396 号）第 2.3.1 条：管理信息内网与外网之间、管理信息大区与生产控制大区之间的边界应采用国家电网公司认可的隔离装置进行安全隔离。第 6.2 条：安全设备特征库应定期更新。 **《国网数字化部关于开展 2022 年研发安全优化提升专项行动的通知》**（数字建设〔2022〕21 号）研发安全"十不放过"自查要点第七条：安防不到位不放过。禁止研发环境安全防护缺失，未部署防火墙等安全设备
20	留存的相关网络日志少于六个月		**《国家电网有限公司十八项电网重大反事故措施（2018 年修订版）》**第 16.5.3.6 条：网络边界应按照安全防护要求部署安全防护设备，并定期进行特征库升级，及时调整安全防护策略，强化日常巡检、运行监测、安全审计，保持网络安全防护措施的有效性，按照规定留存相关的网络安全日志不少于六个月。 **《国家电网有限公司网络与信息系统安全管理办法》**第二十五条：（七）安全审计方面。应实现日志集中管理、异常自动检测，强化运维审计；实现对主机、网络安全

编号	严重违章	表现形式	依据条款
20			设备、数据库、中间件、业务应用、云平台、数据中台、物联管理平台等的安全审计，做好事中、事后的问题追溯，记录信息系统运行状态、安全事件；日志留存应不少于六个月
21	未经批准，向外部单位提供公司的涉密数据和重要数据；未经审批，私自将重要数据存储于互联网企业平台		《国家电网公司网络与信息系统安全管理办法》第三十四条：公司对外提供数据时涉密数据按照公司保密规章制度执行，其他数据由业务部门和数据管理工作归口部门进行审批，并通过与外部合作单位和供应商签订合同（含保密条款）、保密协议、保密承诺书等方式进行数据安全管控，内容需明确数据使用范围、途径等。 《国家电网有限公司十八项电网重大反事故措施（2018 年修订版）》第 16.5.3.12 条：未经公司批准，禁止向系统外部单位（如互联网企业、外部技术支持单位等）提供公司的涉密数据和重要数据，禁止将相关业务系统托管于外单位。未经公司总部批准，禁止在互联网企业平台（包括第三方云平台）存储公司重要数据
22	程序开发代码中私设恶意及与功能无关的程序；引入留有后门、存在漏洞的开源代码		《国家电网有限公司网络与信息系统安全管理办法》第十六条：网络产品、服务应符合相关国家标准的强制性要求。网络产品、服务的提供者不得设置恶意程序或代码。 《国家电网有限公司十八项电网重大反事故措施（2018 年修订版）》第 16.5.2.5 条：加强代码安全管理，

编号	严重违章	表现形式	依据条款
22			严格按照安全编程规范进行代码编写，全面开展代码安全检测，不得在代码中设置恶意及与功能无关的程序。《**国网数字化部关于开展 2022 年研发安全优化提升专项行动的通知**》（数字建设〔2022〕21 号）研发安全"十不放过"自查要点第三条：私设后门不放过。禁止程序开发代码中私设后门；违规进行系统操作；禁止引入留有后门、存在漏洞的开源代码

第二部分
综合（营销专业）严重违章清单

一、严重违章对应安全事件

按照《国家电网有限公司关于进一步规范和明确反违章工作有关事项的通知》（国家电网安监〔2023〕234号），对严重违章责任人和负有管理责任的人员，对照国家电网有限公司《安全工作奖惩规定》关于安全事件的惩处措施进行惩处。其中，Ⅰ～Ⅲ类严重违章分别按五～七级安全事件处罚（见表2-1）。

表 2-1　严重违章类别与安全事件及处罚标准对应表

责任人员 违章类别	Ⅰ类严重违章 （五级事件）	Ⅱ类严重违章 （六级事件）	Ⅲ类严重违章 （七级事件）
事故单位 主要领导	经济处罚		
事故单位 有关分管领导		经济处罚	
基层单位二级 机构负责人	通报批评	经济处罚	经济处罚
主要责任者	记过	记过	警告
同等责任者	记过	警告	通报批评
次要责任者	警告	通报批评	
经济处罚（元）	5000	3000	2000

二、严重违章清单

按照《国家电网有限公司关于进一步规范和明确反违章工作有关事项的通知》（国家电网安监〔2023〕234 号），结合"生产配电部分"典型违章库，对营销专业涉及条款进行了梳理，共梳理 Ⅰ 类严重违章 14 条、Ⅱ 类严重违章 12 条、Ⅲ 类严重违章 26 条，条款编号保留了文件中的严重条款违章编号。

Ⅰ 类严重违章（14 条）

1. 无日计划作业，或实际作业内容与日计划不符。

2. 工作负责人（作业负责人、专责监护人）不在现场，或劳务分包人员担任工作负责人（作业负责人）。

3. 无票（包括作业票、工作票及分票、操作票、动火票等）工作、无令操作。

4. 作业人员不清楚工作任务、危险点。

5. 超出作业范围未经审批。

6. 作业点未在接地保护范围。

8. 有限空间作业未执行"先通风、再检测、后作业"要求；未正确设置监护人；未配置或不正确使用安全防护装备、应急救援装备。

9. 多小组工作，工作负责人未得到所有小组负责人工作结束的汇报，就与工作许可人办理工作终结手续。

10. 应履行工作许可手续，未经工作许可（包括在客户侧工作时，未获客户许可），即开始工作。

11. 同一工作负责人同时执行多张工作票。

12. 存在高坠、物体打击风险的作业现场，人员未佩戴安全帽。

13. 使用达到报废标准的或应试未试的安全工器具。

14. 漏挂接地线或漏合接地开关。

18. 高处作业、攀登或转移作业位置时失去保护。

Ⅱ类严重违章（12条）

19. 在带电设备附近作业前未计算校核安全距离；作业安全距离不够且未采取有效措施。

20. 擅自开启高压开关柜门、检修小窗，擅自移动绝缘挡板。

21. 在带电设备周围使用钢卷尺、金属梯等禁止使用的工器具。

22. 两个及以上专业、单位参与的改造、扩建、检修等综合性作业，未成立由上级单位领导任组长，相关部门、单位参加的现场作业风险管控协调组；现场作业风险管控协调组未常驻现场督导和协调风险管控工作。

24. 随意解除闭锁装置，或擅自使用解锁工具（钥匙）。

27. 约时停、送电；带电作业约时停用或恢复重合闸。

28. 带电作业使用非绝缘绳索（如：棉纱绳、白棕绳、钢丝绳）。

30. 操作没有机械传动的断路器（开关）、隔离开关（刀闸）或跌落式熔断器，未使用绝缘棒。

31. 非绝缘工器具、材料直接接触或接近架空绝缘导线；装、拆接地线时人体碰触未接地的导线。

32. 配合停电的交叉跨越或邻近线路，在线路的交叉跨越或邻近处附近未装设接地线。

33. 作业人员穿越未停电接地或未采取隔离措施的低压绝缘导线进行工作。

36. 在电容性设备检修前未放电并接地，或结束后未充分放电；高压试验变更接线或试验结束时未将升压设备的高压部分放电、短路接地。

Ⅲ类严重违章（26条）

41. 将高风险作业定级为低风险。

42. 现场作业人员未经安全准入考试并合格；新进、转岗和离岗3个月以上电气作业人员，未经专门安全教育培训，并经考试合格上岗。

43. 不具备"三种人"资格的人员担任工作票签发人、工作负责人或许可人。

44. 特种设备作业人员、特种作业人员、危险化学品从业人员未依法取得资格证书。

45. 特种设备未依法取得使用登记证书、未经定期检验或检验不合格。

46. 票面（包括作业票、工作票及分票、动火票等）缺少工作负责人、工作班成员签字等关键内容。

47. 工作负责人、工作许可人不按规定办理终结手续。

48. 重要工序、关键环节作业未按施工方案或规定程序开展作业；作业人员未经批准擅自改变已设置的安全措施。

49. 作业人员擅自穿、跨越安全围栏、安全警戒线。

50. 未按规定开展现场勘察或未留存勘察记录；工作票（作业票）签发人和工作负责人均未参加现场勘察。

51. 三级及以上风险作业管理人员（含监理人员）未到岗到位进行管控。

52. 安全风险管控监督平台上的作业开工状态与实际不符；作业现场未布设与安全风险管控监督平台作业计划绑定的视频监控设备，或视频监控设备未开机、未拍摄现场作业内容。

53. 未经批准，擅自将自动灭火装置、火灾自动报警装置退出运行。

54. 在易燃易爆或禁火区域携带火种、使用明火、吸烟；未采取防火等安全措施在易燃物品上方进行焊接，下方无监护人。

59. 自制施工工器具未经检测试验合格。

61. 劳务分包单位自备施工机械设备或安全工器具。

62. 作业现场视频监控终端无存储卡或不满足存储要求。

64. 设备无双重名称，或名称及编号不唯一、不正确、不清晰。

66. 起吊或牵引过程中，受力钢丝绳周围、上下方、内角侧和起吊物下面，有人逗留或通过。

67. 起重作业无专人指挥。

72. 带负荷断、接引线。

73. 在互感器二次回路上工作，未采取防止电流互感器二次回路开路，电压互感器二次回路短路的措施。

76. 擅自变更工作票中指定的接地线位置，未经工作票签发人、工作许可人同意，未在工作票上注明变更情况。

77. 业扩报装设备未经验收，擅自接火送电。

78. 应拉断路器（开关）、应拉隔离开关（刀闸）、应拉熔断器、应合接地开关、作业现场装设的工作接地线未在工作票上准确登录；工作接地线未按票面要求准确登录安装位置、编号、挂拆时间等信息。

81. 安全带（绳）未系在主杆或牢固的构件上。安全带和后备保护绳系挂的构件不牢固。安全带系在移动，或不牢固物件上。

三、作业项目对应严重违章条款

按照梳理出的营销专业严重违章条款，将营销专业常规作业项目与可能出现的严重违章条款进行了逐一对应，见表2-2。

表2-2 营销专业常规作业项目可能出现的严重违章条款

序号	作业项目	可能出现的严重违章条款
1	高压互感器更换	Ⅰ：1、2、3、4、5、6、8、9、10、11、12、13、14、18 Ⅱ：19、20、21、22、24、27、28、30、31、32、33 Ⅲ：41、42、43、46、47、48、49、50、51、52、53、54、59、62、64、66、67、73、76、78、81
2	低压互感器更换	Ⅰ：1、2、3、4、5、6、8、9、10、11、12、13、14、18 Ⅱ：19、21、24、27、28、30、31、32、33 Ⅲ：41、42、43、46、47、48、49、50、52、53、54、59、61、64、66、67、73、76、78、81
3	互感器现场校验	Ⅰ：1、2、3、4、5、6、8、9、10、11、12、13、14、18 Ⅱ：19、21、24、27、31、33、36 Ⅲ：41、42、43、46、47、48、49、50、51、52、53、54、59、64、73、76、78、81
4	接线盒更换	Ⅰ：1、2、3、4、5、6、8、9、10、11、12、13、14、18 Ⅱ：19、21、24、27、28、30、31、32、33 Ⅲ：41、42、43、46、47、48、49、50、52、53、54、59、61、64、72、76、78、81

序号	作业项目	可能出现的严重违章条款
5	变电站电能表装拆及更换	Ⅰ：1、2、3、4、5、6、8、9、10、11、12、13、18 Ⅱ：19、20、21、24 Ⅲ：41、42、43、46、47、48、49、52、53、54、59、64、72、81
6	变电站电能表现场检验	Ⅰ：1、2、3、4、5、6、8、9、10、11、12、13、18 Ⅱ：19、20、21、24 Ⅲ：41、42、43、46、47、48、49、52、53、54、59、64、81
7	变电站内二次回路现场检测	Ⅰ：1、2、3、4、5、6、8、9、10、11、12、13、18 Ⅱ：19、20、21、24 Ⅲ：41、42、43、46、47、48、49、52、53、54、59、64、72、73、81
8	变电站计量装置故障处理	Ⅰ：1、2、3、4、5、6、8、9、10、11、12、13、14、18 Ⅱ：19、20、21、24、27、28、30、31、36 Ⅲ：41、42、43、46、47、48、49、52、53、54、59、64、72、76、78、81
9	高压电能表、终端装拆及更换	Ⅰ：1、2、3、4、5、6、8、9、10、11、12、13、18 Ⅱ：19、20、21、24、30 Ⅲ：41、42、43、46、47、48、49、52、53、54、59、64、72、81
10	高压电能表现场检验	Ⅰ：1、2、3、4、5、6、8、9、10、11、12、13、18 Ⅱ：19、20、21、24 Ⅲ：41、42、43、46、47、48、49、52、53、54、59、64、81

序号	作业项目	可能出现的严重违章条款
11	二次回路现场检测	Ⅰ：1、2、3、4、5、6、8、9、10、11、12、13、18 Ⅱ：19、20、21、24 Ⅲ：41、42、43、46、47、48、49、52、53、54、59、64、72、73、81
12	高压计量装置故障处理	Ⅰ：1、2、3、4、5、6、8、9、10、11、12、13、14、18 Ⅱ：19、20、21、24、27、28、30、31、32、36 Ⅲ：41、42、43、46、47、48、49、52、53、54、59、64、72、76、78、81
13	计量箱更换、安装	Ⅰ：1、2、3、4、5、6、8、9、10、11、12、13、14、18 Ⅱ：19、21、24、27、28、30、31、32、33 Ⅲ：41、42、43、46、47、48、49、50、52、53、54、59、61、64、72、76、78、81
14	低压采集运维	Ⅰ：1、2、3、4、5、6、8、9、10、11、12、13、18 Ⅱ：19、21 Ⅲ：41、42、43、46、47、48、49、52、53、54、59、61、64、81
15	低压电能表、集中器的新装、更换、拆除	Ⅰ：1、2、3、4、5、6、8、9、10、11、12、13、14、18 Ⅱ：19、21、24、27、28、30、31、32、33 Ⅲ：41、42、43、46、47、48、49、50、52、53、54、59、61、64、72、76、78、81

序号	作业项目	可能出现的严重违章条款
16	低压计量装置故障处理	Ⅰ：1、2、3、4、5、6、8、9、10、11、12、13、18 Ⅱ：19、21、24、27、31、33 Ⅲ：41、42、43、46、47、48、49、52、53、54、59、61、64、72、76、81
17	低压电能表现场检验	Ⅰ：1、2、3、4、5、6、8、9、10、11、12、13、18 Ⅱ：19、21、24 Ⅲ：41、42、43、46、47、48、49、52、53、54、59、61、64、81
18	高压业扩报装竣工验收	Ⅰ：1、2、3、4、5、6、8、9、10、11、12、13、18 Ⅱ：19、20、21、22 Ⅲ：41、42、43、46、47、48、49、52、53、54、59、64、77、81
19	高压业扩报装（停）送电	Ⅰ：1、2、3、4、5、6、8、9、10、11、12、13、18 Ⅱ：10、21、22、27、28、30、31、32、33 Ⅲ：41、42、43、46、47、48、49、52、53、54、59、64、81
20	分布式电源并网验收调试	Ⅰ：1、2、3、4、5、6、8、9、10、11、12、13、18 Ⅱ：19、21、22 Ⅲ：41、42、43、46、47、48、49、52、53、54、59、64、77、81
21	低压业扩	Ⅰ：1、2、3、4、5、6、8、9、10、11、12、13、14、18 Ⅱ：19、21、24、27、31、33 Ⅲ：41、42、43、46、47、48、49、50、52、53、54、59、64、72、76、78、81

序号	作业项目	可能出现的严重违章条款
22	分布式电源现场勘查	Ⅰ：1、2、3、4、5、6、8、9、10、11、12、13、18 Ⅱ：19、21 Ⅲ：41、42、43、46、47、48、49、50、52、53、54、59、64、81
23	高压新装现场勘查	Ⅰ：1、2、3、4、5、6、8、9、10、11、12、13、18 Ⅱ：19、21、22 Ⅲ：41、42、43、46、47、48、49、50、52、53、54、59、64、81
24	高压增容现场勘查	Ⅰ：1、2、3、4、5、6、8、9、10、11、12、13、18 Ⅱ：19、21 Ⅲ：41、42、43、46、47、48、49、50、52、53、54、59、64、81
25	高压业扩中间检查（上门服务）	Ⅰ：1、2、3、4、5、6、8、9、10、11、12、13、18 Ⅱ：19、21 Ⅲ：41、42、43、46、47、48、49、52、53、54、59、64、81
26	充电站日常巡视	Ⅰ：1、2、3、4、5、6、8、9、10、11、12、13、18 Ⅱ：19、21 Ⅲ：42、43、46、47、48、49、52、53、54、59、64、81
27	充电站故障检修	Ⅰ：1、2、3、4、5、6、8、9、10、11、12、13、14、18 Ⅱ：19、21、24、27、31、33 Ⅲ：41、42、43、46、47、48、49、52、53、54、59、64、72、76、81

序号	作业项目	可能出现的严重违章条款
28	重要客户现场 安全检查	Ⅰ：1、2、3、4、5、6、8、9、10、11、12、13、18 Ⅱ：19、21 Ⅲ：42、43、46、47、48、49、52、53、54、59、64、81
29	周期检查、 专项检查	Ⅰ：1、2、3、4、5、6、8、9、10、11、12、13、18 Ⅱ：19、21 Ⅲ：42、43、46、47、48、49、52、53、54、59、64、81
30	窃电、违约 用电查处	Ⅰ：1、2、3、4、5、6、8、9、10、11、12、13、18 Ⅱ：19、21、27、33 Ⅲ：42、43、46、47、48、49、52、53、54、59、64、72、81
31	按政府要求协助 重大活动相关客户 开展巡视值守	Ⅰ：1、2、3、4、5、6、8、9、10、11、12、13、18 Ⅱ：19、21 Ⅲ：42、43、46、47、48、49、52、53、54、59、64、81
32	智能运维	Ⅰ：1、2、3、4、5、6、8、9、10、11、12、13、18 Ⅱ：19、21 Ⅲ：42、43、46、47、48、49、52、53、54、59、64、81

四、严重违章依据条款

按照《国家电网有限公司关于进一步规范和明确反违章工作有关事项的通知》（国家电网安监〔2023〕234号）、《国网安监部关于印发严重违章释义的通知》（安监二〔2022〕33号），对三类严重违章释义及依据条款进行了归纳（见表 2-3）。

表 2-3　营销专业严重违章释义及其依据条款

编号	严重违章	表现形式	依据条款
		Ⅰ类严重违章（14条）	
1	无日计划作业，或实际作业内容与日计划不符	1. 日作业计划（含临时计划、抢修计划）未录入安全生产风险管控平台。 2. 安全生产风险管控平台中日计划取消后，实际作业未取消。 3. 现场作业超出安全生产风险管控平台中作业计划范围	《国家电网有限公司作业安全风险管控工作规定》（国家电网企管〔2023〕55号）第十七条：各类生产施工作业均应纳入计划管控，严禁无计划作业。各单位计划性生产施工作业任务均应严格落实"周安排、日管控"要求，以周为单位进行统筹部署安排，明确周内每日作业内容及其作业风险，并按周进行汇总统计和审核发布。 《国网安委办关于推进"四个管住"工作的指导意见》（国网安委办〔2020〕23号）第三条："四个管住"重点内容（一）"管住计划"1.计划管理。各级专业管理部门按照"谁主管、谁负责"分级管控要求，严格执行"月计划、周安排、日管控"制度，加强作业计划与风险管控，健全计划编制、审批和发布工作机制，明确各专业计划管理人员，落实管控责任。按照作业计划全覆盖的原则，将各类作业计划纳入管控范围，应用移动作业手段精准安排作业任务，坚决杜绝无计划作业
2	工作负责人（作业负责人、	1. 工作负责人（作业负责人、专责监护人）未到现场。	《国家电网公司关于印发生产现场作业"十不干"的通知》（国家电网安质〔2018〕21号）第十条：工作负责人（专责监护人）不在现场的不干。

编号	严重违章	表现形式	依据条款
2	专责监护人）不在现场，或劳务分包人员担任工作负责人（作业负责人）	2. 工作负责人（作业负责人）暂时离开作业现场时，未指定能胜任的人员临时代替。 3. 工作负责人（作业负责人）长时间离开作业现场时，未由原工作票签发人变更工作负责人。 4. 专责监护人临时离开作业现场时，未通知被监护人员停止作业或离开作业现场。 5. 专责监护人长时间离开作业现场时，未由工作负责人变更专责监护人。 6. 劳务分包人员担任工作负责人（作业负责人）	**《国家电网有限公司营销现场作业安全工作规程（试行）》**（国家电网营销〔2020〕480号）第6.5.4条：工作票签发人、工作负责人对有触电危险、检修（施工）复杂容易发生事故的工作，应增设专责监护人，并确定其监护的人员和工作范围。专责监护人不得兼做其他工作。专责监护人临时离开时，应通知被监护人员停止工作或离开工作现场，待专责监护人回来后方可恢复工作。专责监护人需长时间离开工作现场时，应由工作负责人变更专责监护人，履行变更手续，并告知全体被监护人员。第6.5.5条：工作期间，工作负责人若需暂时离开工作现场，应指定能胜任的人员临时代替，离开前应将工作现场交待清楚，并告知全体工作班成员。原工作负责人返回工作现场时，也应履行同样的交接手续。工作负责人若需长时间离开工作现场时，应由原工作票签发人变更工作负责人，履行变更手续，并告知全体工作班成员及所有工作许可人。原、现工作负责人应履行必要的交接手续，并在工作票上签名确认。 **《国家电网有限公司业务外包安全监督管理办法》**（国家电网企管〔2023〕55号）第四十九条：劳务人员不得独立承担危险性大、专业性强的施工作业，必须在发包方有经验人员的带领和监护下进行

编号	严重违章	表现形式	依据条款
3	无票（包括作业票、工作票及分票、操作票、动火票等）工作、无令操作	1. 在运用中电气设备上及相关场所的工作，未按照《安规》规定使用工作票、事故紧急抢修单。 2. 未按照《安规》规定使用施工作业票。 3. 未使用审核合格的操作票进行倒闸操作。 4. 未根据值班调控人员、运维负责人正式发布的指令进行倒闸操作。 5. 在油罐区、注油设备、电缆间、计算机房、换流站阀厅等防火重点部位（场所）以及政府部门、本单位划定的禁止明火区动火作业时，未使用动火票	《国家电网公司关于印发生产现场作业"十不干"的通知》（国家电网安质〔2018〕21号）"十不干"第一条：无票的不干。 《国家电网有限公司营销现场作业安全工作规程（试行）》（国家电网营销〔2020〕480号）第6.3.1条：营销现场作业可按下列方式进行。第6.3.1.1条：填用变电第一种工作票。第6.3.1.2条：填用变电第二种工作票。第6.3.1.3条：填用配电第一种工作票。第6.3.1.4条：填用配电第二种工作票。第6.3.1.5条：填用低压工作票。第6.3.1.6条：填用现场作业工作卡。第6.3.1.7条：使用其他书面记录或按电话命令执行。第6.3.2条：填用变电第一种工作票的工作
4	作业人员不清楚工作任务、危险点	1. 工作负责人（作业负责人）不了解现场所有的工作内容，不掌握危险点及安全防控措施。	《国家电网公司关于印发生产现场作业"十不干"的通知》（国家电网安质〔2018〕21号）"十不干"第二条：工作任务、危险点不清楚的不干。

编号	严重违章	表现形式	依据条款
4		2. 专责监护人不掌握监护范围内的工作内容、危险点及安全防控措施。 3. 作业人员不熟悉本人参与的工作内容，不掌握危险点及安全防控措施。 4. 工作前未组织安全交底、未召开班前会（站班会）	**《国家电网有限公司营销现场作业安全工作规程（试行）》**（国家电网营销〔2020〕480号）第5.1.4条：作业人员应被告知其作业现场和工作岗位存在的危险因素、防范措施及事故紧急处理措施。作业前，设备运维管理单位应告知现场电气设备接线情况、危险点和安全注意事项
5	超出作业范围未经审批	1. 在原工作票的停电及安全措施范围内增加工作任务时，未征得工作票签发人和工作许可人同意，未在工作票上增填工作项目。 2. 原工作票增加工作任务需变更或增设安全措施时，未重新办理新的工作票，并履行签发、许可手续	**《国家电网公司关于印发生产现场作业"十不干"的通知》**（国家电网安质〔2018〕21号）"十不干"第四条：超出作业范围未经审批的不干。 **《国家电网有限公司营销现场作业安全工作规程（试行）》**（国家电网营销〔2020〕480号）第6.3.13.5条：工作班成员：（1）熟悉工作内容、工作流程，掌握安全措施，明确工作中的危险点，并在工作票上履行交底签名确认手续。（2）服从工作负责人、专责监护人的指挥，严格遵守本规程和劳动纪律，在指定的作业范围内工作，对自己在工作中的行为负责，互相关心工作安全。（3）正确使用施工机具、安全工器具和劳动防护用品

编号	严重违章	表现形式	依据条款
6	作业点未在接地保护范围	1. 工作负责人（作业负责人）不了解现场所有的工作内容，不掌握危险点及安全防控措施。 2. 专责监护人不掌握监护范围内的工作内容、危险点及安全防控措施。 3. 作业人员不熟悉本人参与的工作内容，不掌握危险点及安全防控措施。 4. 工作前未组织安全交底、未召开班前会（站班会）	《国家电网公司关于印发生产现场作业"十不干"的通知》（国家电网安质〔2018〕21号）"十不干"第五条：未在接地保护范围内的不干。 《国家电网有限公司营销现场作业安全工作规程（试行）》（国家电网营销〔2020〕480号）第11.3.3.1条：客户侧停电现场作业，验明确无电压后，工作地段各端和工作地段内有可能送电的各分支线应可靠接地，装设的接地线应接触良好、连接可靠。第11.3.3.2条：在客户侧低压配电设备上的停电作业，无法装设接地线时，应采取绝缘遮蔽或其他可靠隔离措施
8	有限空间作业未执行"先通风、再检测、后作业"要求；未正确设置监护人；未配置或不正确使用安全防护装备、应急救援装备	1. 有限空间作业前未通风或气体检测浓度高于《国家电网有限公司有限空间作业安全工作规定》附录7规定要求（详见附件1）。 2. 有限空间作业未在入口设置监护人或监护人擅离职守。 3. 未根据有限空间作业的特点和应急预案、现场处置方案，	《国家电网公司关于印发生产现场作业"十不干"的通知》（国家电网安质〔2018〕21号）"十不干"第九条：有限空间内气体含量未经检测或检测不合格的不干。 《国家电网有限公司营销现场作业安全工作规程（试行）》（国家电网营销〔2020〕480号）第17.1.1.1条：在电缆沟等有限空间作业，应在作业入口处设专责监护人，坚持"先通风、再检测、后作业"的原则，保持通风良好。出入口应保持畅通并设置明显的安全警示标志，夜间应设警示红灯

编号	严重违章	表现形式	依据条款
8		配备使用气体检测仪、呼吸器、通风机等安全防护装备和应急救援装备；当作业现场无法通过目视、喊话等方式进行沟通时，未配备对讲机；在可能进入有害环境时，未配备满足作业安全要求的隔绝式或过滤式呼吸防护用品	
9	多小组工作，工作负责人未得到所有小组负责人工作结束的汇报，就与工作许可人办理工作终结手续	工作结束后，由小组负责人向工作负责人办理工作结束手续，即得到所有小组负责人工作结束的汇报后，工作负责人才能与工作许可人办理工作终结手续	**《国家电网有限公司营销现场作业安全工作规程（试行）》**（国家电网营销〔2020〕480号）第6.7.3条：多小组工作，工作负责人应在得到所有小组负责人工作结束的汇报后，方可与工作许可人办理工作终结手续
10	应履行工作许可手续，未经工作许可（包括在客户侧工作时，未获客户许可），即开始工作	1. 公司系统电网生产作业未经调度管理部门或设备运维管理单位许可，擅自开始工作。 2. 在用户管理的变电站或其他设备上工作时未经用户许可，擅自开始工作。 3. 在客户侧营销现场作业，	**《国家电网有限公司营销现场作业安全工作规程（试行）》**（国家电网营销〔2020〕480号）第6.4条：工作许可制度 第6.4.1条：工作许可人应在完成工作票所列由其负责的停电和装设接地线等安全措施后，方可发出许可工作的命令。 第6.4.2条：工作许可人在向工作负责人发出许可工作

编号	严重违章	表现形式	依据条款
10		未经供电方许可人和客户方许可人共同对工作票或现场作业工作卡进行许可	的命令前，应记录工作班组名称、工作负责人姓名、工作地点和工作任务。 第6.4.3条：现场办理工作许可手续前，工作许可人应与工作负责人核对线路名称、设备双重名称，检查核对现场安全措施，指明保留带电部位。 第6.4.4条：填用第一种工作票的工作，应得到全部工作许可人的许可，并由工作负责人确认工作票所列当前工作所需的安全措施全部完成后，方可下令开始工作。所有许可手续（工作许可人姓名、许可方式、许可时间等）均应记录在工作票上。 第6.4.5条：客户现场作业时，应执行工作票"双许可"制度。客户侧用电检查（反窃查违）现场作业可不执行"双许可"制度，由供电方许可人许可后，即可开展客户侧用电检查（反窃查违）相关工作。 高压客户方许可人由客户具备资质的电气工作人员担任，也可由客户委托承装（修、试）客户设备的施工方具备资质的电气人员担任。 工作许可人对工作票中所列安全措施的正确性、完备性，现场安全措施的完善性以及现场停电设备有无突然来电的危险等内容负责，经双方签字确认后方可开始工作。 第6.4.6条：客户侧设备检修，需电网侧设备配合停电时，应得到客户停送电联系人的书面申请，经批准后方可停电。在电网侧设备停电措施实施后，由电网侧设备的运维管理单位或调度控制中心负责向客户停送电联系人许可。

编号	严重违章	表现形式	依据条款
10			恢复送电，应接到原客户停送电联系人的工作结束报告，做好录音并记录后方可进行。 第6.4.7条：在客户设备上工作，许可工作前，工作负责人应检查确认客户设备的当前运行状态、安全措施符合作业的安全要求。作业前检查多电源和有自备电源的客户已采取机械或电气联锁等防反送电的强制性技术措施。 第6.4.8条：许可开始工作的命令，应通知工作负责人。其方法可采用： （1）当面许可。工作许可人和工作负责人应在工作票上记录许可时间，并分别签名。采用电子化工作票的，应在电子化工作票上履行电子化许可手续。 （2）电话许可。工作所需安全措施可由工作人员自行布置，工作许可人和工作负责人应分别记录许可时间和双方姓名，复诵核对无误，并录音。工作结束后应汇报工作许可人。 第6.4.9条：工作负责人、工作许可人任何一方不得擅自变更运行接线方式和安全措施，工作中若有特殊情况需要变更时，应先取得对方同意，并及时恢复，变更情况应及时记录在值班日志或工作票上
11	同一工作负责人同时执行多张工作票	1. 一个作业现场中，出现工作负责人同时执行多张工作票。 2. 工作负责人未指定小组负责人（监护人），并使用配电工作任务单	**《国家电网有限公司营销现场作业安全工作规程（试行）》**（国家电网营销〔2020〕480号）第6.3.9.8条：配电工作票一个工作负责人不能同时执行多张工作票。若一张工作票下设多个小组工作，工作负责人应指定每个小组的小组负责人（监护人），并使用配电工作任务单

编号	严重违章	表现形式	依据条款
12	存在高坠、物体打击风险的作业现场，人员未佩戴安全帽	进入作业现场未正确佩戴安全帽	《国家电网有限公司营销现场作业安全工作规程（试行）》（国家电网营销〔2020〕480号）第5.1.5条：进入作业现场应正确佩戴安全帽(实验室计量工作除外)，现场作业人员还应穿全棉长袖工作服、绝缘鞋
13	使用达到报废标准的或应试未试的安全工器具	使用的个体防护装备、绝缘安全工器具、登高工器具等专用工具和器具存在以下问题： 1. 外观检查明显损坏或零部件缺失影响工器具防护功能； 2. 超过有效使用期限； 3. 试验或检验结果不符合国家或行业标准； 4. 超出检验周期或检验时间涂改、无法辨认； 5. 无有效检验合格证或检验报告	《国家电网有限公司营销现场作业安全工作规程（试行）》（国家电网营销〔2020〕480号）第19.1.2条：现场使用的机具、安全工器具应经检验合格。第19.1.6条：施工机具和安全工器具应统一编号，专人保管。入库、出库、使用前应检查。禁止使用损坏、变形、有故障等不合格的机具和安全工器具
14	漏挂接地线或漏合接地开关	1. 工作票所列的接地安全措施未全部完成即开始工作（同一张工作票多个作业点依次工作时，工作地段的接地安全措施未全部完成即开始工作）。	《国家电网有限公司营销现场作业安全工作规程（试行）》（国家电网营销〔2020〕480号）第6.4.1条：工作许可人应在完成工作票所列由其负责的停电和装设接地线等安全措施后，方可发出许可工作的命令。第6.6.3条：工作间断，工作班离开工作地点，若接地线保

编号	严重违章	表现形式	依据条款
14		2. 配合停电的线路未按以下要求装设接地线： （1）交叉跨越、邻近线路在交叉跨越或邻近线路处附近装设接地线； （2）配合停电的同杆（塔）架设配电线路装设接地线与检修线路相同	留不变，恢复工作前应检查确认接地线完好；若接地线拆除，恢复工作前应重新验电、装设接地线。间断后继续工作，若无工作负责人或专责监护人带领，作业人员不得进入工作地点
18	高处作业、攀登或转移作业位置时失去保护	1. 高处作业未搭设脚手架、使用高空作业车、升降平台或采取其他防止坠落措施。 2. 在没有脚手架或者在没有栏杆的脚手架上工作，高度超过1.5m时，未用安全带或采取其他可靠的安全措施。 3. 在屋顶及其他危险的边沿工作，临空一面未装设安全网或防护栏杆或作业人员未使用安全带。 4. 杆塔上水平转移时未使用水平绳或设置临时扶手，垂直转移时未使用速差自控器或安全自锁器等装置	**《国家电网公司关于印发生产现场作业"十不干"的通知》**（国家电网安质〔2018〕21号）"十不干"第八条：高处作业防坠落措施不完善的不干。 **《国家电网有限公司营销现场作业安全工作规程（试行）》**（国家电网营销〔2020〕480号）第20.2.3条：安全带的挂钩或绳子应分别挂在不同的牢固的构件上、或专为挂安全带用的钢丝绳上，并应采用高挂低用的方式。禁止挂在移动或不牢固的物件上〔如隔离开关（刀闸）支持绝缘子、母线支柱绝缘子、避雷器支柱绝缘子等〕。第20.2.5条：作业人员作业过程中，应随时检查安全带是否挂牢。高处作业人员在转移作业位置时不得失去安全保护

编号	严重违章	表现形式	依据条款
		Ⅱ类严重违章（12条）		
19	在带电设备附近作业前未计算校核安全距离；作业安全距离不够且未采取有效措施	1. 在带电设备附近作业前，未根据带电体安全距离要求，对施工作业中可能进入安全距离内的人员、机具、构件等进行计算校核。 2. 在带电设备附近作业计算校核的安全距离与现场实际不符，不满足安全要求。 3. 在带电设备附近作业安全距离不够时，未采取绝缘遮蔽或停电作业等有效措施	**《国家电网有限公司营销现场作业安全工作规程（试行）》**（国家电网营销〔2020〕480号）第12.4.3条：高低压同杆架设，在低压带电线路上计量箱装拆时，应先检查与高压线的距离，采取防止误碰带电高压设备的措施。在低压带电导线未采取绝缘措施时，作业人员不准穿越。在不停电的计量箱工作，应采取防止间间短路和单相接地的绝缘隔离措施，拆除导线的裸露部分后，应立即进行绝缘包裹，不得触碰导线裸露部分。第14.1.3条：检查人员进入现场检查，应核准现场设备运行情况，明确安全检查通道，用电检查过程中应与带电线路和设备保持规定安全距离
20	擅自开启高压开关柜门、检修小窗，擅自移动绝缘挡板	1. 擅自开启高压开关柜门、检修小窗。 2. 高压开关柜内手车开关拉出后，隔离带电部位的挡板未可靠封闭或擅自开启隔离带电部位的挡板。 3. 擅自移动绝缘挡板（隔板）	**《国家电网有限公司营销现场作业安全工作规程（试行）》**（国家电网营销〔2020〕480号）第5.2.8条：现场作业过程中，要防止误入高压带电区域，无论设备是否带电，作业人员严禁擅自穿、跨越安全围栏或超越安全警戒线，不得单独移开或越过遮栏进行工作。第15.1条：现场查勘时须核实设备运行状态，严禁工作人员擅自开启计量箱（柜）门或操作客户电气设备

编号	严重违章	表现形式	依据条款
21	在带电设备周围使用钢卷尺、金属梯等禁止使用的工器具	1. 在带电设备周围使用钢卷尺、皮卷尺和线尺（夹有金属丝者）进行测量工作。 2. 在变、配电站（开关站）的带电区域内或邻近带电设备处，使用金属梯子、金属脚手架等	**《国家电网有限公司营销现场作业安全工作规程（试行）》**（国家电网营销〔2020〕480号）第9.2.3.3条：在带电设备周围使用工器具及搬动梯子、管子等长物，应满足安全距离要求。在带电设备周围禁止使用钢卷尺、皮卷尺和线尺（夹有金属丝者）进行测量。第9.2.3.4条：在配电站或高压室内搬动梯子、管子等长物，应放倒，由两人搬运，并与带电部分保持足够的安全距离。在配电站的带电区域内或邻近带电线路处，禁止使用金属梯子
22	两个及以上专业、单位参与的改造、扩建、检修等综合性作业，未成立由上级单位领导任组长，相关部门、单位参加的现场作业风险管控协调组；现场作业风险管控协调组未常驻现场督导和	1. 涉及多专业、多单位或多专业综合性的二级及以上风险作业，上级单位未成立由副总师以上领导担任负责人、相关单位或专业部门负责人参加的现场作业风险管控协调组。	**《中华人民共和国安全生产法》**（2021年修订版）第四十八条：两个以上生产经营单位在同一作业区域内进行生产经营活动，可能危及对方生产安全的，应当签订安全生产管理协议，明确各自的安全生产管理职责和应当采取的安全措施，并指定专职安全生产管理人员进行安全检查与协调。 **《国家电网有限公司作业安全风险管控工作规定》**第三十一条：涉及多专业、多单位的作业项目或多专业综合性风险（人身与电网、网络信息、设备等风险的组合）作业项目，应明确牵头责任部门或牵头单位，统筹制定管控措施。涉及多专业、多单位的重大风险作业或多专业综合性的重大风险作业应由上级单位成立安全风险管控协

编号	严重违章	表现形式	依据条款
22	协调风险管控工作	2. 作业实施期间，现场作业风险管控协调组未常驻作业现场督导协调；未每日召开例会分析部署风险管控工作；未组织检查施工方案及现场风险管控措施落实情况	调组，由副总师以上领导担任负责人，牵头专业部门负责同志担任常务负责人，相关单位或专业部门负责人参加，统筹制定专项管控工作方案。 　第四十八条：涉及多专业、多单位的重大风险作业或多专业综合性重大风险作业成立的安全风险管控协调组，在重大风险作业实施期间应常驻作业现场，全过程协调管控相关专业和单位，督促管控措施执行落实。 　附录7：综合性、复杂性重大风险现场管控机构主要职责 　1. 组织机构各成员，召开日例会，每日部署落实管控要求，动态分析安全风险执行落实情况，补充完善相关安全管控措施，协调解决实际问题。 　2. 深入施工现场，检查施工方案及风险预控措施检查现场落实情况。 　3. 检查电网、人身、设备、客户、环境安全风险识别、分析是否准确，各相关方安全履责、风险管控措施落实是否到位。 　4. 协调解决相关单位、专业风险防控存在问题。 　5. 及时制止违章作业，督促问题整改
24	随意解除闭锁装置，或擅自使用解锁工具（钥匙）	1. 正常情况下，防误装置解锁或退出运行。 2. 特殊情况下，防误装置解锁未执行下列规定：	**《国家电网有限公司营销现场作业安全工作规程（试行）》**（国家电网营销〔2020〕480号）第9.1.3条：配电设备应有防误闭锁装置，防误闭锁装置不准随意退出运行。

编号	严重违章	表现形式	依据条款
24		（1）若遇危及人身、电网和设备安全等紧急情况需要解锁操作，可由变电运维班当值负责人或发电厂当值值长下令紧急使用解锁工具（钥匙）； （2）防误装置及电气设备出现异常要求解锁操作，应经运维管理部门防误操作装置专责人或运维管理部门指定并经书面公布的人员到现场核实无误并签字后，由变电站运维人员告知当值调控人员，方可使用解锁工具（钥匙），并在运维人员监护下操作。不得使用万能钥匙或一组密码全部解锁等解锁工具（钥匙）	第 17.4.1.1 条：严禁随意动用设备闭锁万能钥匙
26	超允许起重量起吊	1. 起重设备、吊索具和其他起重工具的工作负荷，超过铭牌规定。 2. 没有制造厂铭牌的各种起重机具，未经查算及荷重试验使用。	**《国家电网有限公司营销现场作业安全工作规程（试行）》**（国家电网营销〔2020〕480 号）第 17.2.1.1 条：设备吊装前，操作人员应掌握设备的重量、平台受力情况等，起重指挥人员与汽车吊驾驶员及时沟通，汽车吊的坐车、出杆须仔细计算，避开周围建筑。第 17.2.1.2 条：起重用各机具必须经过安全性检查，对于吊装的吊具、

编号	严重违章	表现形式	依据条款
26		3. 特殊情况下需超铭牌使用时，未经过计算和试验，未经本单位分管生产的领导或总工程师批准	绳索、措施构件等应进行试吊，确认安全可靠后方可行吊装，防止断索、脱钩、失稳等安全事故的发生
27	约时停、送电；带电作业约时停用或恢复重合闸	1. 电力线路或电气设备的停、送电未按照值班调控人员或工作许可人的指令执行，采取约时停、送电的方式进行倒闸操作。 2. 需要停用重合闸或直流线路再启动功能的带电作业未由值班调控人员履行许可手续，采取约时方式停用或恢复重合闸或直流线路再启动功能	**《国家电网有限公司营销现场作业安全工作规程（试行）》**（国家电网营销〔2020〕480号）第6.4.10条：禁止约时停、送电。第11.1.2条：客户电气设备停、送电前，应由客户停送电联系人与供电方相关人员共同确认，禁止约时停送电
28	带电作业使用非绝缘绳索（如：棉纱绳、白棕绳、钢丝绳）	带电作业使用非绝缘绳索（如：棉纱绳、白棕绳、钢丝绳）	**《国家电网有限公司电力安全工作规程 第8部分：配电部分》**（国家电网企管〔2023〕71号）第8.6.2条：工作中，应使用绝缘无极绳索，风力应小于5级，并设人监护。第11.2.11条：带电作业时不应使用非绝缘绳索（如：棉纱绳、白棕绳、钢丝绳等）

编号	严重违章	表现形式	依据条款
30	操作没有机械传动的断路器（开关）、隔离开关（刀闸）或跌落式熔断器，未使用绝缘棒	操作没有机械传动的断路器（开关）、隔离开关（刀闸）或跌落式熔断器，未使用绝缘棒	**《国家电网有限公司电力安全工作规程　第8部分：配电部分》**（国家电网企管〔2023〕71号）第7.2.6.10条：操作机械传动的断路器（开关）或隔离开关（刀闸）时，应戴绝缘手套。操作没有机械传动的断路器（开关）、隔离开关（刀闸）或跌落式熔断器，应使用绝缘棒。雨天室外高压操作，应使用有防雨罩的绝缘棒，并穿绝缘靴、戴绝缘手套
31	非绝缘工器具、材料直接接触或接近架空绝缘导线；装、拆接地线时人体碰触未接地的导线	电容性设备检修前、试验结束后未逐相放电并接地；星形接线电容器的中性点未接地。串联电容器或与整组电容器脱离的电容器未逐个多次放电；装在绝缘支架上的电容器外壳未放电；未装接地线的大电容被试设备未先行放电再做试验	**《国家电网有限公司营销现场作业安全工作规程（试行）》**（国家电网营销〔2020〕480号）第9.2.4.1条：架空绝缘导线不应视为绝缘设备，作业人员或非绝缘工器具、材料不得直接接触或接近。架空绝缘线路与裸导线线路停电作业的安全要求相同。第7.4.10条：装设、拆除接地线应有人监护。装设、拆除接地线均应使用绝缘棒并戴绝缘手套，人体不得碰触接地线或未接地的导线。装设的接地线应接触良好、连接可靠。装设接地线应先接地端、后接导体端，拆除接地线的顺序与此相反
32	配合停电的交叉跨越或邻近线路，在线路的交叉跨越或邻近处附近未装设接地线	配合停电的线路未按以下要求装设接地线：（1）交叉跨越、邻近线路在交叉跨越或邻近线路处附近装设接地线；（2）配合停电的同杆（塔）架设配电线路装设接地线与检修线路相同	**《国家电网有限公司营销现场作业安全工作规程（试行）》**第7.4.3条：配合停电的交叉跨越或邻近线路，在线路的交叉跨越或邻近处附近应装设一组接地线。配合停电的同杆（塔）架设线路装设接地线要求与检修线路相同

编号	严重违章	表现形式	依据条款
33	作业人员穿越未停电接地或未采取隔离措施的低压绝缘导线进行工作		**《国家电网有限公司营销现场作业安全工作规程（试行）》**（国家电网营销〔2020〕480号）第7.4.11条：作业人员应在接地线的保护范围内作业。禁止在无接地线或接地线装设不齐全的情况下进行作业。第9.2.4.3条：禁止作业人员穿越未停电接地或未采取隔离措施的绝缘导线进行工作
36	在电容性设备检修前未放电并接地，或结束后未充分放电；高压试验变更接线或试验结束时未将升压设备的高压部分放电、短路接地	1. 电容性设备检修前、试验结束后未逐相放电并接地；星形接线电容器的中性点未接地。串联电容器或与整组电容器脱离的电容器未逐个多次放电；装在绝缘支架上的电容器外壳未放电；未装接地线的大电容被试设备未先行放电再做试验。 2. 高压试验变更接线或试验结束时，未将升压设备的高压部分放电、短路接地	**《国家电网有限公司营销现场作业安全工作规程（试行）》**（国家电网营销〔2020〕480号）第7.4.1条：当验明确已无电压后，应立即将检修的高压配电线路和设备接地并三相短路，电缆及电容器接地前应逐相充分放电，星形接线电容器的中性点应接地、串联电容器及与整组电容器脱离的电容器应逐个多次放电，装在绝缘支架上的电容器外壳也应放电。工作地段两端和工作地段内有可能反送电的各分支线都应接地
	Ⅲ类严重违章（26条）		
41	将高风险作业定级为低风险	未按实际工作环境，选择安全风险等级	**《国家电网有限公司营销现场作业安全工作规程（试行）》**（国家电网营销〔2020〕480号）第6.5.7条：根据可预见风险的可能性、后果严重程度，将作业安全风险分为一到五级，即稍有风险、一般风险、显著风险、高度风险、极高风险（风险等级由低到高分别为一到五级）

编号	严重违章	表现形式	依据条款
42	现场作业人员未经安全准入考试并合格；新进、转岗和离岗3个月以上电气作业人员，未经专门安全教育培训，并经考试合格上岗	1. 现场作业人员在安全生产风险管控平台中，无有效期内的准入合格记录。 2. 新进、转岗和离岗3个月以上电气作业人员，未经安全教育培训，并经考试合格上岗	**《国家电网有限公司营销现场作业安全工作规程（试行）》**（国家电网营销〔2020〕480号）第5.1.6条：作业人员对本规程应每年考试一次。因故间断电气工作连续三个月及以上者，应重新学习本规程，并经考试合格后方可恢复工作。第5.1.7条：新参加电气工作的人员，实习人员和临时参加劳动的人员（管理人员、非全日制用工等），必须参加安全生产知识教育，并经考试合格后方可下现场参加指定的工作，并不得单独工作
43	不具备"三种人"资格的人员担任工作票签发人、工作负责人或许可人	地市级或县级单位未每年对工作票签发人、工作负责人、工作许可人进行培训考试，合格后书面公布"三种人"名单	**《国家电网有限公司营销现场作业安全工作规程（试行）》**（国家电网营销〔2020〕480号）第6.3.12.1条：工作票签发人应由熟悉人员技术水平、熟悉设备情况、熟悉本规程，并具有相关工作经验的营销领导、技术人员或经本单位批准的人员担任，名单应公布。第6.3.12.2条：工作负责人应由有本专业工作经验、熟悉工作范围内的设备情况、熟悉本规程，并经营销部门批准的人员担任，名单应公布。工作负责人还应熟悉工作班成员的技术水平。第6.3.12.3条：工作许可人应由熟悉工作范围内的接线方式、设备情况、熟悉本规程，并经相关单位批准的人员担任，名单应公布。

编号	严重违章	表现形式	依据条款
43			工作许可人包括值班调控人员、运维人员、营销人员、相关变配电站（含客户变、配电站）和发电厂运维人员、配合停电线路许可人及现场许可人等。客户变、配电站的工作许可人应是持有效证书的高压电气工作人员
44	特种设备作业人员、特种作业人员、危险化学品从业人员未依法取得资格证书	1. 涉及生命安全、危险性较大的锅炉、压力容器（含气瓶）、压力管道、电梯、起重机械、客运索道和场（厂）内专用机动车辆等特种设备作业人员，未依据《特种设备作业人员监督管理办法》（国家质量监督检验检疫总局令第 140 号）从特种设备安全监督管理部门取得特种作业人员证书。 2. 高（低）压电工、焊接与热切割作业、高处作业、危险化学品安全作业等特种作业人员，未依据《特种作业人员安全技术培训考核管理规定》（国家安全生产监督管理总局令第 30 号）从应急、住建等部门取得特种作业操作资格证书。	《国家电网有限公司特种设备安全管理办法（试行）》第十四条：特种设备作业人员应按照国家有关规定，经特种设备安全监督管理部门考核合格，取得统一格式的特种作业人员证书，方可从事相应的作业或管理工作。《特种设备作业人员证》应按期复审。 《国家电网有限公司危险化学品安全管理办法（试行）》第十七条：安全教育培训。危险化学品单位应将危险化学品安全培训纳入年度安全教育培训计划，建立从业人员安全教育培训档案，保证从业人员具备必要的安全生产知识、安全操作技能及应急处置能力。公司总部和省公司级单位每两年组织一次危险化学品安全管理人员培训。未经安全教育培训或培训考试不合格的从业人员，不得上岗作业；对有资格要求的岗位，应依法取得相应资格，方可上岗作业。

编号	严重违章	表现形式	依据条款
44		3. 特种设备作业人员、特种作业人员、危险化学品从业人员资格证书未按期复审	**《中华人民共和国安全生产法》**（主席令第13号）第二十八条：生产经营单位应当对从业人员进行安全生产教育和培训，保证从业人员具备必要的安全生产知识，熟悉有关的安全生产规章制度和安全操作规程，掌握本岗位的安全操作技能，了解事故应急处理措施，知悉自身在安全生产方面的权利和义务。未经安全生产教育和培训合格的从业人员，不得上岗作业。 **《建设工程安全生产管理条例》**（国务院令393）第二十五条：垂直运输机械作业人员、安装拆卸工、爆破作业人员、起重信号工、登高架设作业人员等特种作业人员，必须按照国家有关规定经过专门的安全作业培训，并取得特种作业操作资格证书后，方可上岗作业
45	特种设备未依法取得使用登记证书、未经定期检验或检验不合格	1. 特种设备使用单位未向特种设备安全监督管理部门办理使用登记，未取得使用登记证书。 2. 特种设备超期未检验或检验不合格	**《国家电网有限公司特种设备安全管理办法（试行）》**第三十八条：特种设备使用单位应在特种设备投入使用前或投入使用后30日内，向当地负责特种设备安全监督管理的部门办理使用登记，取得使用登记证书，并在取得证书后的10个工作日内将特种设备基本信息录入特种设备管理台账。登记标志应置于该特种设备的显著位置。第四十二条：特种设备使用单位应对在用特种设备的安全附件、安全保护装置、测量调控装置及有关附属仪器仪表进行定期校验、检修，并作出记录。第五十一条：特种设备使用单位应按照特种设备安全技术规范的定期检验

编号	严重违章	表现形式	依据条款
45			要求，于每年年底前由特种设备专业管理部门制定下一年度特种设备检验检测计划，并组织实施。未经定期检验或检验不合格的特种设备，不得继续使用。**《国家电网有限公司电力安全工作规程（水电厂动力部分）》**第7.1.18条：特种设备【锅炉、压力容器（含气瓶、压力管道、电梯、起重机械、场（厂）内专用机动车辆】在使用前应经特种设备检验检测机构检验合格，取得合格证并制定安全使用规定和定期检验维护制度。检验合格有效期届满前 1 个月向特种设备检验机构提出定期检验要求。同时，在投入使用前或者投入使用后30日内，使用单位应当向直辖市或者设有区的市的特种设备安全监督管理部门登记
46	票面（包括作业票、工作票及分票、动火票等）缺少工作负责人、工作班成员签字等关键内容	1. 工作票（包括作业票、动火票等）票种使用错误。 2. 工作票（含分票、工作任务单、动火票等）票面缺少工作许可人、工作负责人、工作票签发人、工作班成员（含新增人员）等签字信息；作业票缺少审核人、签发人、作业人员（含新增人员）等签字信息。	**《国家电网有限公司营销现场作业安全工作规程（试行）》**（国家电网营销〔2020〕480号）第6.3.9.1条：工作票由工作负责人填写，也可由工作票签发人填写。第6.3.9.2条：工作票采用手工方式填写时，应用黑色或蓝色的钢（水）笔或圆珠笔填写和签发，至少一式两份。工作票票面上的时间、工作地点、线路名称、设备双重名称（即设备名称和编号）、动词等关键字不得涂改。若有个别错、漏字需要修改、补充时，应使用规范的符号，字迹应清楚。

编号	严重违章	表现形式	依据条款
46		3. 工作票（含分票、工作任务单、动火票等）票面线路名称（含同杆多回线路双重称号）、设备双重名称填写错误；作业中工作票延期、工作负责人变更、作业人员变动等未在票面上准确记录。 4. 工作票（含分票、工作任务单、动火票、作业票等）票面防触电、防高坠、防倒（断）杆、防窒息等重要安全技术措施遗漏或错误。 5. 操作票票面发令人、受令人、操作人员、监护人员等漏填或漏签。操作设备双重名称，拉合断路器（开关）、隔离开关（刀闸）的顺序以及位置检查、验电、装拆接地线（拉合接地开关）、投退保护压板（软压板）等关键内容遗漏或错误；操作确认记录漏项、跳项。 6. 操作票发令、操作开始、操作结束时间以及工作票（含	用计算机生成或打印的工作票应使用统一的票面格式。工作票的填写与签发可采用线上电子化的方式进行。电子化工作票的票面应清晰可见，工作票签发等相关手续应能够正常履行，其他填写要求与手工方式相同。第6.3.9.3 条：工作票应由工作票签发人审核，手工或电子签发后方可执行

编号	严重违章	表现形式	依据条款
46		分票、工作任务单、动火票、作业票等）签发、许可、计划开工、结束时间存在逻辑错误或与实际不符。 7. 票面（包括作业票、工作票及分票、动火票、操作票等）双重名称、编号或时间涂改	
47	工作负责人、工作许可人不按规定办理终结手续	1. 工作负责人未对终结工作现场办理终结手续，未向工作许可人报告此项工作已结束。	《国家电网有限公司营销现场作业安全工作规程（试行）》（国家电网营销〔2020〕480号）第6.7.1条：工作完工后，应清扫整理现场，工作负责人（包括小组负责人）应检查工作地段的状况，确认工作的电气设备及其他辅助设备上没有遗留个人保安线和其他工具、材料，查明全部工作人员确由设备上撤离后，再命令拆除由工作班自行装设的接地线等安全措施。接地线拆除后，任何人不得再在设备上工作。第6.7.2条：工作地段所有由工作班自行装设的接地线拆除后，工作负责人应及时向相关工作许可人（含配合停电线路、设备许可人）报告工作终结。第6.7.3条：多小组工作，工作负责人应在得到所有小组负责人工作结束的汇报后，方可与工作许可人办理工作终结手续。第6.7.4条：执行工作票

编号	严重违章	表现形式	依据条款
47		2. 工作许可人未接到工作负责人的终结报告	"双许可"的工作，应由双方许可人均办理工作终结手续后，方可视为工作终结。第6.7.5条：工作终结报告应按以下方式进行。第6.7.5.1条：当面报告。第6.7.5.2条：电话报告，并经复诵无误。第6.7.6条：工作终结报告应简明扼要，主要包括下列内容：工作负责人姓名，某作业现场（说明工作地点、内容等）工作已经完工，所修项目、试验结果、设备改动情况和存在问题等，工作地点已无本班组工作人员和遗留物。第6.7.7条：工作许可人在接到所有工作负责人（含客户方工作负责人）的终结报告，并确认所有工作已完毕，所有工作人员已撤离，所有接地线已拆除，与记录簿核对无误并做好记录后，方可下令拆除各侧安全措施
48	重要工序、关键环节作业未按施工方案或规定程序开展作业；作业人员未经批准擅自改变已设置的安全措施	1. 电网建设工程施工重要工序（详见附件2，《国家电网有限公司输变电工程建设安全管理规定》附件4重要临时设施、重要施工工序、特殊作业、危险作业）及关键环节未按施工方案中作业方法、标准或规定程序开展作业。	《电力建设工程施工安全管理导则》（NB/T 10096—2018）第12.4.10条：施工单位应严格按照专项施工方案组织实施，不得擅自修改、调整，并明确专人对专项施工方案的实施进行指导。

编号	严重违章	表现形式	依据条款
48		2. 电网生产高风险作业工序（《国家电网有限公司关于进一步加强生产现场作业风险管控工作的通知》（国家电网设备〔2022〕89号）各专业"检修工序风险库"）及关键环节未按方案中作业方法、标准或规定程序开展作业。 3. 二级及以上水电作业风险工序未按方案落实预控措施。 4. 未经工作负责人和工作许可人双方批准，擅自变更安全措施	**《国家电网有限公司营销现场作业安全工作规程（试行）》**（国家电网营销〔2020〕480号）第6.4.9条：工作负责人、工作许可人任何一方不得擅自变更运行接线方式和安全措施，工作中若有特殊情况需要变更时，应先取得对方同意，并及时恢复，变更情况应及时记录在值班日志或工作票上
49	作业人员擅自穿、跨越安全围栏、安全警戒线	作业人员擅自穿、跨越隔离检修设备与运行设备的遮栏（围栏）、高压试验现场围栏（安全警戒线）、人工挖孔基础作业孔口围栏等	**《国家电网有限公司营销现场作业安全工作规程（试行）》**（国家电网营销〔2020〕480号）第5.2.8条：现场作业过程中，要防止误入高压带电区域，无论设备是否带电，作业人员严禁擅自穿、跨越安全围栏或超越安全警戒线，不得单独移开或越过遮栏进行工作
50	未按规定开展现场勘察或未留存勘察记录	1. 《国家电网有限公司作业安全风险管控工作规定》附录5"需要现场勘察的典型作业项目"（详见附件4）未组织现场勘察或未留存勘察记录。	**《国家电网有限公司营销现场作业安全工作规程（试行）》**第6.2.1条：营销现场作业，工作票签发人或工作负责人认为有必要现场勘察的，应根据工作任务组织现场勘察，并填写现场勘察记录。

编号	严重违章	表现形式	依据条款
50	录;工作票(作业票)签发人和工作负责人均未参加现场勘察	2. 输变电工程三级及以上风险作业前,未开展作业风险现场复测或未留存勘察记录。 3. 工作票(作业票)签发人、工作负责人均未参加现场勘察。 4. 现场勘察记录缺少与作业相关的临近带电体、交叉跨越、周边环境、地形地貌、土质、临边等安全风险	第6.2.2条:现场勘察应由工作票签发人或工作负责人组织,工作负责人、设备运维管理单位(含客户)和检修(施工)单位相关人员参加。对涉及多专业、多部门、多单位的作业项目,应由项目主管部门、单位组织相关人员共同参与。 第6.2.3条:现场勘察应查看现场作业需要停电的范围、保留的带电部位、装设接地线的位置、邻近线路、多电源、自备电源、地下管线设施和作业现场的条件、环境及其他影响作业的危险点,并提出针对性的安全措施和注意事项。 根据现场勘察结果,对危险性、复杂性和困难程度较大的作业项目,应编制组织措施、技术措施、安全措施,经本单位批准后执行。 第6.2.4条:现场勘察后,现场勘察记录应送交工作票签发人、工作负责人及相关各方,作为填写、签发工作票等的依据。 第6.2.5条:开工前,工作负责人或工作票签发人应重新核对现场勘察情况,发现与原勘察情况有变化时,应及时修正、完善相应的安全措施
51	三级及以上风险作业管理人员(含监理人员)未到岗到位进行管控	1. 一级风险作业,相关地市公司级单位或建设管理单位副总师及以上领导未到岗到位;省公司级单位专业管理部门未到岗到位。	**《国家电网有限公司作业安全风险管控工作规定》**(国家电网企管〔2023〕55号)第四十六条:各级单位应建立健全现场到岗到位管理制度机制,细化到岗到位标准和工作内容,加强对作业高风险工序期间现场组织管理、人员责任和管控措施落实情况检查。

编号	严重违章	表现形式	依据条款
51		2. 二、三级风险作业相关地市公司级单位或建设管理单位专业管理部门负责人或管理人员、县公司级单位负责人未到岗到位。 3. 三级风险作业，监理未全程旁站；二级及以上风险作业，项目总监或安全监理未全程旁站	（一）三级风险作业，相关地市供电公司级单位或建设管理单位专业管理部门人员、县供电公司级单位、二级机构负责人或专业管理部门人员应到岗到位。 （二）二级及以上风险作业，相关地市供电公司级单位或建设管理单位副总师及以上领导、专业管理部门负责人或省电力公司级单位专业管理部门人员应到岗到位。 各单位、专业到岗到位要求不得低于上述标准，专业部门对作业现场到岗到位有特殊要求的按其专业制度管控要求执行
52	安全风险管控监督平台上的作业开工状态与实际不符；作业现场未布设与安全风险管控监督平台作业计划绑定的视频监控设备，或视频监控设备未开机、未拍摄现场作业内容	1. 安全风险管控监督平台上的作业开工状态与实际不符； 2. 作业现场未布设与安全风险管控监督平台作业计划绑定的视频监控设备，或视频监控设备未开机、未拍摄现场作业内容	**《国家电网有限公司安全管控中心工作规范（试行）》**（安监二〔2019〕60号）第十四条：作业现场视频监控设备应满足以下要求。 （一）视频监控设备应设置在牢固、不易被碰撞、不影响作业的位置，确保能覆盖整个作业现场，不得遮挡、损毁视频设备，不得阻碍视频信息上传。 （二）作业全过程应保证视频监控设备连续稳定运行，不得无故中断。对于多点作业的现场应使用多台设备，对存在较大安全风险的作业点进行重点监控。 **《国家电网有限公司作业安全风险管控工作规定》**（国家电网企管〔2023〕55号）第四十二条：作业开始前，工作负责人应提前做好准备工作。按要求装设远程视频督查、数字化安全管控智能终端等设备，并通过移动作业APP与作业计划关联；若现场因信号、作业环境不具备条件的，应及时向上级安全监督管理部门报备

编号	严重违章	表现形式	依据条款
53	未经批准，擅自将自动灭火装置、火灾自动报警装置退出运行	未经本单位消防安全责任人（法人单位的法定代表人或者非法人单位的主要负责人）批准，擅自将自动灭火装置、火灾自动报警装置退出运行	**《国家电网有限公司营销现场作业安全工作规程（试行）》**（国家电网营销〔2020〕480号）第21.3.2条：应及时消除营销服务场所存在的火灾隐患，对下列违反消防安全规定情况，应责成有关人员立即整改。 （1）违章进入生产、储存易燃易爆危险物品场所的情况。 （2）违章使用明火作业或者在具有火灾、爆炸危险的场所吸烟、使用明火等违反禁令的情况。 （3）将安全出口上锁、遮挡或者占用、堆放物品影响疏散通道畅通的情况。 （4）消防栓、灭火器材被遮挡影响使用或者被挪作他用的情况。 （5）常闭式防火门处于开启状态，防火卷帘下堆放物品的情况。 （6）违章关闭消防设施、切断消防电源的情况
54	在易燃易爆或禁火区域携带火种、使用明火、吸烟；未采取防火等安全措施在易燃物品上方进	1. 在存有易燃易爆危险化学品（汽油、乙醇、乙炔、液化气体、爆破用雷管等《危险货物品名表》《危险化学品名录》所列易燃易爆品）的区域和地方政府划定的森林草原防火区及森林草原防火期，地方政府	**《国家电网有限公司营销现场作业安全工作规程（试行）》**（国家电网营销〔2020〕480号）第21.3.2条：应及时消除营销服务场所存在的火灾隐患，对下列违反消防安全规定的情况，应责成有关人员立即整改。 （1）违章进入生产、储存易燃易爆危险物品场所的情况。

编号	严重违章	表现形式	依据条款
54	行焊接，下方无监护人	划定的禁火区及禁火期、含油设备周边等禁火区域携带火种、使用明火、吸烟或动火作业。 2. 在易燃物品上方进行焊接，未采取防火隔离、防护等安全措施，下方无监护人	（2）违章使用明火作业或者在具有火灾、爆炸危险的场所吸烟、使用明火等违反禁令的情况。 （3）将安全出口上锁、遮挡或者占用、堆放物品影响疏散通道畅通的情况。 （4）消防栓、灭火器材被遮挡影响使用或者被挪作他用的情况。 （5）常闭式防火门处于开启状态，防火卷帘下堆放物品的情况。 （6）违章关闭消防设施、切断消防电源的情况。 第 21.1.4 条：充换电站、计量库房、实验室、营业厅等处不得存放易燃、易爆物品，因施工需要放在设备区的易燃、易爆物品，应加强管理，并按规定要求使用，施工后立即运走
59	自制施工工器具未经检测试验合格	自制或改造起重滑车、卸扣、切割机、液压工器具、手扳（链条）葫芦、卡线器、吊篮等工器具，未经有资质的第三方检验机构检测试验，无试验合格证或试验合格报告	《国家电网有限公司营销现场作业安全工作规程（试行）》（国家电网营销〔2020〕480号）第 19.1.7 条：自制或改装以及主要部件更换或检修后的机具，应按其用途依据国家相关标准进行型式试验，经鉴定合格后方可使用
61	劳务分包单位自备施工机械设备或安全工器具	1. 劳务分包单位自备施工机械设备或安全工器具。 2. 施工机械设备、安全工器具的采购、租赁或送检单位为	《国家电网有限公司业务外包安全监督管理办法》（国家电网企管〔2023〕55号）第四十九条：采取劳务外包或劳务分包的项目，所需施工作业安全方案、工作票（作业票）、机具设备及工器具等应由发包方负责，并纳入本

编号	严重违章	表现形式	依据条款
61		劳务分包单位。 3. 合同约定由劳务分包单位提供施工机械设备或安全工器具	单位班组统一进行作业的组织、指挥、监护和管理
62	作业现场视频监控终端无存储卡或不满足存储要求	1. 作业现场视频监控终端无存储卡。 2. 作业现场视频终端存储功能不满足以下要求： （1）存储卡容量不低于256G； （2）具备终端开关机、视频读写等信息记录功能，并能够回传安全生产风险管控平台	**国网安监部关于规范作业现场视频存储工作的通知**（安监二〔2022〕27号） 1. 各单位作业现场视频监控终端均应配备存储卡，容量不低于256G，2022年7月15日之前，完成存量视频监控终端存储卡配置工作。 2. 各单位要完善作业现场视频监控终端采购技术条件，新购置终端应内置不低于256G存储容量，具备终端开关机、视频读写等信息记录功能，并能够回传风控平台。 3. 各单位要健全作业现场视频监控终端管理制度，规范终端采购、验收、使用、维护和报废工作流程，细化视频存储、调用等管理要求，强化全过程考核。 4. 从2022年7月16日起，总部安全督查组将抽查各单位视频监控终端存储卡配置情况，对无存储卡或不满足存储要求的按Ⅲ类严重违章处理，并纳入安全监督月报进行通报。在事故（件）调查时，作业现场使用的视频监控终端无存储卡或无相关视频，一律按隐匿事故（件）证据处理

编号	严重违章	表现形式	依据条款
64	设备无双重名称，或名称及编号不唯一、不正确、不清晰	1. 设备无双重名称。 2. 线路无名称及杆号，同塔多回线路无双重称号。 3. 设备名称及编号、线路名称或双重称号不唯一、不正确、无法辨认	《国家电网有限公司营销现场作业安全工作规程（试行）》（国家电网营销〔2020〕480号）第6.4.3条：现场办理工作许可手续前，工作许可人应与工作负责人核对线路名称、设备双重名称，检查核对现场安全措施，指明保留带电部位
66	起吊或牵引过程中，受力钢丝绳周围、上下方、内角侧和起吊物下面，有人逗留或通过	1. 起重机在吊装过程中，受力钢丝绳周围或起吊物下方有人逗留或通过。 2. 绞磨机、牵引机、张力机等受力钢丝绳周围、上下方、内角侧等受力侧有人逗留或通过	《国家电网有限公司营销现场作业安全工作规程（试行）》（国家电网营销〔2020〕480号）第17.2.1.3条：起吊作业时，无关人员不得接近吊装区域并设专人监护
67	起重作业无专人指挥	1. 被吊重量达到起重作业额定起重量的80%； 2. 两台及以上起重机械联合作业； 3. 起吊精密物件、不易吊装的大件或在复杂场所（人员密集区、场地受限或存在障碍物）进行大件吊装； 4. 起重机械在临近带电区域作业；	《国家电网有限公司营销现场作业安全工作规程（试行）》（国家电网营销〔2020〕480号）第12.3.6条：在邻近带电线路进行吊装作业时，应由专人指挥，分工明确，并注意吊臂回转半径引起的安全风险。第17.2.1.3条：起吊作业时，无关人员不得接近吊装区域并设专人监护

编号	严重违章	表现形式	依据条款
67		5. 易燃易爆品必须起吊时； 6. 起重机械设备自身的安装、拆卸； 7. 新型起重机械首次在工程上应用	
72	带负荷断、接引线	1. 非旁路作业时，带负荷断、接引线。 2. 用断、接空载线路的方法使两电源解列或并列。 3. 带电断、接空载线路时，线路后端所有断路器（开关）和隔离开关（刀闸）未全部断开，变压器、电压互感器未全部退出运行	**《国家电网有限公司营销现场作业安全工作规程（试行）》**（国家电网营销〔2020〕480号）第10.2.10条：带电断、接低压导线应有人监护。断、接导线前应核对相线（火线）、零线。断开导线时，应先断开相线（火线），后断开零线。搭接导线时，顺序应相反。 禁止人体或金属物体同时接触两根线头或其他相互绝缘且可能带电的金属部位。 禁止带负荷断、接导线
73	在互感器二次回路上工作，未采取防止电流互感器二次回路开路，电压互感器二次回路短路的措施	1. 短路电流互感器二次绕组时，短路片或短路线连接不牢固，或用导线缠绕。 2. 在带电的电压互感器二次回路上工作时，螺丝刀未用胶布缠绕	**《国家电网有限公司营销现场作业安全工作规程（试行）》**（国家电网营销〔2020〕480号）第12.3.4条：在带电的电流互感器二次回路上工作。应采取措施防止电流互感器二次侧开路。短路电流互感器二次绕组，应使用短路片或短路线，禁止用导线缠绕。第12.3.5条：在带电的电压互感器二次回路上工作，应采取措施防止电压互感器二次侧短路或接地。接临时负载，应装设专用的刀闸和熔断器

编号	严重违章	表现形式	依据条款
76	擅自变更工作票中指定的接地线位置，未经工作票签发人、工作许可人同意，未在工作票上注明变更情况	1. 未经工作负责人和工作许可人双方批准，擅自变更安全措施。 2. 工作票中制定的接地线位置发生变化，未获得工作票签发人、工作许可人双方同意且在工作票上未注明变更情况	**《国家电网有限公司营销现场作业安全工作规程（试行）》**（国家电网营销〔2020〕480号）第7.4.9条：装、拆接地线，应做好记录，交接班时应交待清楚。禁止作业人员擅自变更工作票中指定的接地线位置，若需变更，应由工作负责人征得全部工作票签发人或工作许可人同意，并在工作票上注明变更情况
77	业扩报装设备未经验收，擅自接火送电	1. 未经供电单位验收合格的客户受电工程擅自接（送）电。 2. 未严格履行客户设备送电程序擅自投运或带电	**《国家电网有限公司营销现场作业安全工作规程（试行）》**（国家电网营销〔2020〕480号）第13.5.1条：未经检验或检验不合格的客户受电工程，严禁接（送）电
78	应拉断路器（开关）、应拉隔离开关（刀闸）、应拉熔断器、应合接地开关、作业现场装设的工作接地线未在工作票上准确登录；工作接地线未按票面要	1. 工作票中应拉断路器（开关）、应拉隔离开关（刀闸）、应拉熔断器、应合接地开关、应装设的接地线未在工作票上准确登录。 2. 作业现场装设的工作接地线未全部列入工作票，未按票面要求准确登录安装位置、编号、挂拆时间等信息	**《国家电网有限公司营销现场作业安全工作规程（试行）》**（国家电网营销〔2020〕480号）第6.3.9.2条：工作票采用手工方式填写时，应用黑色或蓝色的钢（水）笔或圆珠笔填写和签发，至少一式两份。工作票票面上的时间、工作地点、线路名称、设备双重名称（即设备名称和编号）、动词等关键字不得涂改。若有个别错、漏字需要修改、补充时，应使用规范的符号，字迹应清楚。 用计算机生成或打印的工作票应使用统一的票面格式。 工作票的填写与签发可采用线上电子化的方式进行。电子化工作票的票面应清晰可见，工作票签发等相关手续应能够正常履行，其他填写要求与手工方式相同。

编号	严重违章	表现形式	依据条款
78	求准确登录安装位置、编号、挂拆时间等信息		第6.3.9.3条：工作票应由工作票签发人审核，手工或电子签发后方可执行。 第7.4.12.1条：对于因交叉跨越、平行或邻近带电线路、设备导致工作范围内设备可能产生感应电压时，已接地但距离工作地点较远、未做有效的重复接地时，应加装接地线或使用个人保安线，加装（拆除）的接地线应记录在工作票上，个人保安线由作业人员自行装拆
81	安全带（绳）未系在主杆或牢固的构件上。安全带和后备保护绳系挂的构件不牢固。安全带系在移动，或不牢固物件上	高处作业、攀登或转移作业位置时失去保护的现象： 1. 安全带（绳）未系在主杆或牢固的构件上。 2. 安全带和后备保护绳系挂的构件不牢固。 3. 安全带系在移动、或不牢固物件上	《国家电网有限公司营销现场作业安全工作规程（试行）》（国家电网营销〔2020〕480号）第20.2.3条：安全带的挂钩或绳子应分别挂在不同的牢固的构件上，或专为挂安全带用的钢丝绳上，并应采用高挂低用的方式。禁止挂在移动或不牢固的物件上，如隔离开关（刀闸）支持绝缘子、母线支柱绝缘子、避雷器支柱绝缘子等

第三部分
违章案例分析

一、严重违章

（1）在变电站主控楼的屋顶进行空调室外机检修过程中，在临空一面未装设安全网或防护栏杆的屋顶边沿传递物品时，人员未系安全带，如图 3-1 所示，属 Ⅰ 类严重行为违章。

在变电站主控楼的屋顶边沿传递物品，人员未系安全带

图 3-1　高处作业人员未系安全带

 违章后果：在临空一面未装设安全网或防护栏杆的屋顶边沿传递物品时，作业人员未使用安全带进行防护，将造成高处坠落的人身风险。

 违反条款：违反《国家电网公司电力安全工作规程（变电部分）》第 18.1.4 条的规定"在屋顶以及其他危险的边沿进行工作，临空一面应装设安全网或防护栏杆，否则，作业人员应使用安全带"。违反《国家电网公司关于印发生产现场作业"十不干"的通知》（国家电网安质〔2018〕21 号）"十不干"第八条的规定"高处作业防坠落措施不完善的不干"。

（2）在变电站主控楼的外墙爬梯进行攀爬时，未做好安全防护，上下爬梯要领不规范，如图 3-2 所示，属 I 类严重行为违章。

违章后果：上下变电站主控楼的外墙爬梯，未做好安全防护，上下爬梯要领不规范，易造成人员高处坠落风险。

违反条款：违反《国家电网公司电力安全工作规程（变电部分）》第 16.2.2 条的规定"上爬梯应逐档检查爬梯是否牢固，上下爬梯应抓牢，并不准两手同时抓一个梯阶。垂直爬梯宜设置人员上下作业的防坠安全自锁装置或速差自控器，并制定相应的使用管理规定"。违反《国家电网公司关于印发生产现场作业"十不干"的通知》（国家电网安质〔2018〕21 号）"十不干"第八条的规定"高处作业防坠落措施不完善的不干"。

攀爬外墙爬梯时，未做好安全防护

图 3-2 攀爬外墙爬梯时，未做好安全防护

（3）在变电站主控楼二楼阳台进行空调室外机安装时，作业人员没有任何防高坠高摔的安全防护措施，进行室外墙打眼作业，如图 3-3 所示，属 I 类严重行为违章。

 违章后果： 变电站主控楼二楼室外墙打眼作业，作业人员所在的二楼阳台已超过 2m 及以上，属于高处作业，未按照高处作业要求进行防高坠高摔的安全防护措施部署，存在高坠高摔的人身风险。

 违反条款： 违反《国家电网公司电力安全工作规程　变电部分》第 18.1.1 条的规定"凡在坠落高度基准面 2m 及以上的高处进行的作业，都应视为高处作业"。第 18.1.5 条的规定"在没有脚手架或者在没有栏杆的脚手架上工作，高度超过 1.5m 时，应使用安全带，或采取其他可靠的安全措施"。违反《国家电网公司关于印发生产现场作业"十不干"的通知》（国家电网安质〔2018〕21 号）"十不干"第八条的规定"高处作业防坠落措施不完善的不干"。

作业人员在变电站主控楼二楼阳台上打眼，没有系安全带

图 3-3　空调安装作业人员没有任何高坠高摔的安全防护措施

（4）在低压用户勘查工作现场，工作人员使用盒尺测量带电电能表箱大小，如图 3-4 所示，属Ⅱ类严重行为违章。

使用盒尺测量带电测量电能表箱大小

图 3-4　使用金属尺测量带电设备图

 违章后果：使用金属尺测量带电设备，尺子活动可能造成误碰带电设备，引发人身触电风险。

 违反条款：违反《国家电网有限公司营销现场作业安全工作规程（试行）》（国家电网营销〔2020〕480 号）第 9.2.3.3 条的规定"在带电设备周围禁止使用钢卷尺、皮卷尺和线尺（夹有金属丝者）"；违反《国网安监部关于印发严重违章释义的通知》（安监二〔2022〕33 号）第 36 条的规定"在带电设备周围使用钢卷尺、金属梯等禁止使用的工器具"。

（5）在低压业扩现场，现场所有作业人员未在工作票上履行安全交底确认签字手续，如图 3-5 所示，属Ⅲ类严重行为违章。

违章后果：工作负责人在完成安全交底告知后，要求每名作业人员均在工作票上进行签字确认。如参加作业的人员未签名确认即开工工作，不能确定其是否参加并掌握安全交底内容，有可能对现场注意事项、危险点及安全措施等不清楚，存在安全隐患。

违反条款：违反《国家电网有限公司营销现场作业安全工作规程（试行）》（国家电网营销〔2020〕480 号）第 6.3.13.2 条的规定"工作前，对工作班成员进行工作任务、安全措施交底和危险点告知，并确认每个工作班成员都已签名"。违反《国网安监部关于印发严重违章释义的通知》（安监二〔2022〕33 号）第 64 条的规定"票面（包括作业票、工作票及分票、动火票等）缺少工作负责人、工作班成员签字等关键内容"。

图 3-5　工作票上工作班成员未签字确认

（6）高压增容勘查作业现场，检查人员未核定自身与带电设备的安全距离，作业安全距离不够且未采取有效措施，如图 3-6 所示，属Ⅱ类严重行为、管理违章。

图 3-6　现场勘查人员误登运行设备

　违章后果：现场勘查人员不经核定安全距离和落实必要安全措施的，直接在带电设备周边检查或作业时，存在极高的作业人员摔伤、触电安全风险。

　违反条款：违反《国家电网有限公司营销现场作业安全工作规程（试行）》（国家电网营销〔2020〕480 号）第 13.2.1 条的规定"现场勘查人员应掌握带电设备的位置，与带电设备保持足够安全距离，注意不要误碰、误动、误登运行设备。工作中严格履行监护制度，严禁移开或越过遮栏，严禁操作客户设备。客户设备状态不明时，均应视为带电设备。不得进行与现场勘查无关的工作"。

（7）更换经互感器接入电能表作业现场，施工人员未断开接线盒电压连片，如图 3-7 所示，属 I 类严重行为违章。

更换经互感器接入电能表时未断开接线盒电压连片

图 3-7　未断开接线盒电压连片更换经互感器接入电能表

 违章后果：施工人员在未落实全部停电的安全技术措施便进行作业，存在较高的作业人员人身触电风险。

 违反条款：违反《国家电网有限公司营销现场作业安全工作规程（试行）》（国家电网营销〔2020〕480 号）第 12.2.3 条的规定"经互感器接入电能表的装拆、现场校验工作，应有防止电流互感器二次侧开路、电压互感器二次侧短路和防止相间短路、相对地短路、电弧灼伤的措施"。

（8）更换直接接入式电能表作业现场，施工人员未断开用户负荷直接更换电能表，如图 3-8 所示，属 I 类严重行为违章。

更换直接接入式电能表时未断开用户负荷

图 3-8　未断开用户负荷直接更换电能表

 违章后果：该更换直接接入式电能表作业现场，施工人员未断开用户负荷直接更换电能表，易造成作业人员触电伤害事件。

 违反条款：违反《国家电网有限公司营销现场作业安全工作规程（试行）》（国家电网营销〔2020〕480 号）第 12.2.2 条的规定"电源侧不停电更换电能表时，直接接入的电能表应将出线负荷断开，应有防止相间短路、相对地短路、电弧灼伤的措施"。

（9）计量箱装拆更换作业现场在未断开上一级电源情况下盲目开展作业，作业人员不清楚危险点，如图 3-9 所示，属Ⅰ类严重行为违章。

计量箱更换时上一级
电源没有明显断开点

图 3-9　计量箱装拆更换未断开上一级电源

 违章后果：现场安全措施未全部落实且作业人员对危险点及采取的安全措施不清楚，很容易造成作业人员触电伤害事件。

 违反条款：违反《国家电网有限公司营销现场作业安全工作规程（试行）》（国家电网营销〔2020〕480 号）第 5.1.4 条的规定"作业人员应被告知其作业现场和工作岗位存在的危险因素、防范措施及事故紧急处理措施。作业前，设备运维管理单位应告知现场电气设备接线情况、危险点和安全注意事项"。违反《国家电网公司关于印发生产现场作业"十不干"的通知》（国家电网安质〔2018〕21 号）第二条的规定"工作任务、危险点不清楚的不干"。

（10）更换低压电流互感器作业现场，工作人员未采取停电措施，如图 3-10 所示，属Ⅰ类严重行为违章。

更换低压电流互感器
未采取停电措施

图 3-10　更换低压电流互感器工作人员未采取停电措施

 违章后果：该低压互感器装拆更换作业现场，工作现场两端未采取停电验电安全措施，很容易造成现场作业人员触电伤害事件。

 违反条款：违反《国家电网有限公司营销现场作业安全工作规程（试行）》（国家电网营销〔2020〕480 号）第 12.3.1 条的规定"互感器的安装、更换、拆除、现场校验应停电进行，一次侧有明显的断开点，二次回路断开"。

（11）用户高压互感器新装、更换作业现场，作业人员未经验收合格即送电，如图 3-11 所示，属Ⅲ类严重行为违章。

高压互感器未经验收合格即送电

图 3-11　高压互感器未经验收合格即送电

 违章后果：该高压互感器新装、更换作业现场，作业人员未经验收合格即送电，很容易造成互感器等设备损坏和作业人员触电伤害事件。

 违反条款：违反《国家电网有限公司营销现场作业安全工作规程（试行）》（国家电网营销〔2020〕480 号）第 13.5.1 条的规定"未经检验或检验不合格的客户受电工程，严禁接（送）电"。

（12）电能表更换作业现场，作业人员打开计量箱时正向面对箱门，未站在侧面，人员与作业安全距离不够且未采取有效措施，如图3-12所示，属Ⅱ类严重行为、管理违章。

计量箱打开时正向面对箱门，未站在侧面

图3-12　面对箱门打开计量箱

 违章后果： 该电能表更换作业现场，作业人员打开计量箱时正向面对箱门，很容易造成作业人员因计量箱内设备异常受伤害事件。

 违反条款： 违反《国家电网有限公司营销现场作业安全工作规程（试行）》（国家电网营销〔2020〕480号）第8.2.17条的规定"当打开箱（柜）门进行检查或操作时，应站位至箱门侧面，避免箱内设备异常引发的伤害"。

（13）电能表更换作业现场，作业人员未按规定顺序依次拆除导线，应先拆除中性线、后拆除相线，如图 3-13 所示，属Ⅲ类严重行为违章。

电能表更换时应先拆除零线后拆除火线，未按照规定拆除导线

图 3-13　更换电能表未按规定拆除导线

 违章后果：电能表更换的工序及关键环节作业未按规定程序进行，很容易造成作业人员触电伤害事件。

 违反条款：违反《国家电网有限公司营销现场作业安全工作规程（试行）》（国家电网营销〔2020〕480 号）第 8.1.2 条的规定"断开导线时，应先断开相线，后断开中性线。搭接导线时，顺序应相反"。

（14）电能表更换作业现场，作业人员短接电流互感器二次回路时使用导线缠绕，如图 3-14 所示，属Ⅲ类严重行为违章。

短接电流互感器二次回路时使用导线缠绕

图 3-14　使用导线缠绕方式短接电流互感器二次回路

 违章后果：电能表更换作业现场，作业人员短接电流互感器二次回路时使用导线缠绕，很容易造成互感器设备损坏或作业人员触电伤害事件。

 违反条款：违反《国家电网有限公司营销现场作业安全工作规程（试行）》（国家电网营销〔2020〕480 号）第 12.3.4 条的规定"短路电流互感器二次绕组，应使用短路片或短路线，禁止用导线缠绕"。

（15）台区互感器更换作业现场，先断开高压侧开关后断开低压侧开关，作业人员拉合开关的关键作业顺序有误，如图 3-15 所示，属Ⅲ类严重行为违章。

更换台区互感器时拉合开关顺序有误

图 3-15 台区互感器更换作业现场拉合开关顺序有误

违章后果：该台区互感器更换作业现场，作业人员拉合开关顺序有误，很容易造成变压器设备损坏和人员触电伤害事件。

违反条款：违反《国家电网有限公司营销现场作业安全工作规程（试行）》（国家电网营销〔2020〕480 号）第 7.2.5 条的规定"在高压配电室、箱式变电站、配电变压器台架上进行工作，不论线路是否停电，应先拉开低压侧开关，后拉开低压侧刀闸，再拉开高压侧跌落式熔断器或隔离开关（刀闸）"。

（16）用电检查作业现场，现场所有作业人员均未在现场工作卡上进行安全交底确认签字，如图3-16所示，属Ⅲ类严重行为违章。

图 3-16　现场工作卡工作班成员未签字确认

　违章后果：工作负责人在完成安全交底告知后，应要求每名作业人员均在现场工作卡上进行签字确认。如参加作业的人员未签名确认即开工工作，不能确定其是否参加了安全交底告知并掌握了安全交底内容，有可能对现场注意事项、危险点及安全措施等不清楚，存在安全隐患。

违反条款：违反《国家电网有限公司营销现场作业安全工作规程（试行）》（国家电网营销〔2020〕480号）第6.3.13.5条的规定"工作班成员：（1）熟悉工作内容、工作流程，掌握安全措施，明确工作中的危险点，并在工作票上履行交底签名确认手续"；第6.3.14条的规定"使用现场作业工作卡的营销现场，现场作业工作卡中所列人员的基本条件和安全责任与工作票要求相同"。

（17）综合能源智能运维作业现场，需求响应试跳过程中监护人不在现场，如图 3-17 所示，属 I 类严重管理违章。

需求响应试跳过程中
监护人不在现场

图 3-17　综合能源智能运维作业现场监护人不在现场

违章后果：专责监护人因故擅自离开工作现场时，未变更专责监护人、履行交接手续，也未向全体工作人员进行告知说明情况，表明专责监护人未能做到安全正确的组织工作，认真监护作业安全，工作现场处于失控状态，易引发安全事故。

违反条款：违反《国家电网有限公司营销现场作业安全工作规程（试行）》（国家电网营销〔2020〕480 号）第 6.5.2 条的规定"工作负责人、专责监护人应始终在工作现场"。《国家电网公司关于印发生产现场作业"十不干"的通知》（国家电网安质〔2018〕21 号）第十条的规定"工作负责人（专责监护人）不在现场的不干"。

（18）保电作业现场，工作人员穿越围栏，如图 3-18 所示，属Ⅲ类严重行为违章。

工作人员穿越围栏

图 3-18　工作人员穿越围栏

 违章后果：作业人员未从安全围栏出入口进出现场，存在误入带电设备区域的安全隐患。

 违反条款：违反《国家电网有限公司营销现场作业安全工作规程（试行）》（国家电网营销〔2020〕480 号）第 7.5.12 条的规定"禁止越过遮栏（围栏）"。

（19）高压用电检查现场，作业人员擅自打开高压带电设备闭锁装置，如图 3-19 所示，属Ⅱ类严重行为违章。

作业人员擅自打开高压带电设备闭锁装置

图 3-19　作业人员擅自打开闭锁装置

违章后果：作业人员擅自打开高压带电设备闭锁装置，存在较高的触电伤害的安全风险。

违反条款：违反《国家电网有限公司营销现场作业安全工作规程（试行）》（国家电网营销〔2020〕480 号）第 14.1.4 条的规定"现场检查计量柜等带电设备时，应正确穿戴齐全且合格的劳动防护用品，检查高压带电设备时，不得强行打开闭锁装置"。

（20）高压用电检查作业现场，作业人员在高处检查，未使用后备保护绳，如图 3-20 所示，属Ⅰ类严重行为违章。

作业人员在高处检查未采取防坠落措施

图 3-20　作业人员在高处检查未采取防坠落措施

 违章后果：作业人员高处作业、攀登或转移作业位置时失去保护，存在高处坠落的安全风险。

 违反条款：违反《国家电网有限公司营销现场作业安全工作规程（试行）》（国家电网营销〔2020〕480 号）第 20.2.5 条的规定"作业人员作业过程中，应随时检查安全带是否拴牢。高处作业人员在转移作业位置时不得失去安全保护。"

（21）暂停（恢复）、减容（恢复）等作业，用电检查人员未履行工作许可手续，未经工作许可（包括在客户侧工作时，未获客户许可），即擅自动用客户用电设备，如图 3-21 所示，属Ⅰ类严重行为违章。

用电检查人员擅自动用客户用电设备

图 3-21　作业人员擅自操作客户用电设备

 违章后果：作业人员擅自操作客户设备，就存在人身触电伤害的安全风险。

 违反条款：违反《国家电网有限公司营销现场作业安全工作规程（试行）》（国家电网营销〔2020〕480 号）第 4.4 条的规定"营销服务人员不得擅自操作客户设备"。

（22）在安全工器具室存放的拉杆未进行试验，如图 3-22 所示，属 I 类严重管理违章。

图 3-22　安全工器具室存放的拉杆未进行试验

 违章后果：安全工器具柜存放的验电器未经试验合格，未经试验的验电器，验电器的耐压情况不明，如作业人员使用此类验电器，存在作业人员触电安全风险。

 违反条款：违反《国家电网有限公司营销现场作业安全工作规程（试行）》（国家电网营销〔2020〕480 号）第 19.4.2.3 条的规定"安全工器具经试验合格后，应在不妨碍绝缘性能且醒目的部位粘贴合格证"；违反《国网安监部关于印发严重违章释义的通知》（安监二〔2022〕33 号）第 4 条的规定"使用达到报废标准的或超出检验期的安全工器具。关于'5.无有效检验合格证或检验报告'的释义"。

（23）现场使用的安全帽帽壳有裂纹，如图 3-23 所示，属Ⅰ类严重管理违章。

安全帽帽壳有裂纹

图 3-23　安全帽帽壳有裂纹

违章后果：安全帽帽壳有裂纹，降低了安全帽的耐冲性和耐穿透性能，如作业人员佩戴此类安全帽参加作业，在存在物体打击安全风险的作业环境中，可能对作业人员头部造成伤害。

违反条款：违反《国家电网有限公司营销现场作业安全工作规程（试行）》（国家电网营销〔2020〕480 号）第 19.3.2 条的规定"安全帽：（1）使用前，应检查帽壳、帽衬、帽箍、顶衬、下颏带等附件完好无损"。违反《国网安监部关于印发严重违章释义的通知》（安监二〔2022〕33 号）第 4 条的规定"使用达到报废标准的或超出检验期的安全工器具"。

（24）高压送电过程中，未提报计划就开始作业，如图 3-24 所示，属Ⅰ类严重管理违章。

 违章后果：无计划作业可能导致作业人员对现场风险点分析不足、安全措施布置不到位，存在人身、电网、设备发生事故的隐患。

 **违反条款**：违反《国家电网有限公司作业安全风险管控工作规定》（国家电网企管〔2023〕55号）第十七条的规定"各类生产施工作业均应纳入计划管控，严禁无计划作业。各单位计划性生产施工作业任务均应严格落实'周安排、日管控'要求，以周为单位进行统筹部署安排，明确周内每日作业内容及其作业风险，并按周进行汇总统计和审核发布"。违反《国网安委办关于推进"四个管住"工作的指导意见》（国网安委办〔2020〕23号）第三条的规定"'四个管住'重点内容（一）'管住计划'1.计划管理。各级专业管理部门按照'谁主管、谁负责'分级管控要求，严格执行'月计划、周安排、日管控'制度，加强作业计划与风险管控，健全计划编制、审批和发布工作机制，明确各专业计划管理人员，落实管控责任。按照作业计划全覆盖的原则，将各类作业计划纳入管控范围，应用移动作业手段精准安排作业任务，坚决杜绝无计划作业"。

该工作未在营销作业现场平台查询到相关工作计划

图 3-24　未提报计划就开始作业

（25）用户新装工作中，未经客户侧许可便开始工作，如图 3-25 所示，属Ⅰ类严重行为违章。

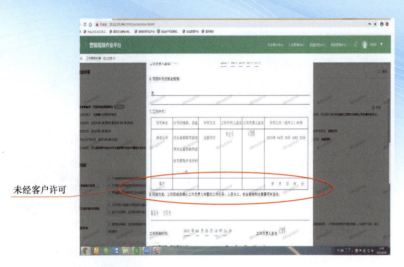

未经客户许可

图 3-25　未经客户侧许可便开始工作

 违章后果：未经客户侧许可开始工作，对客户设备运行情况不了解，极易引发现场作业人员人身触电伤亡、设备烧毁事件。

 违反条款：违反《国家电网有限公司营销现场作业安全工作规程（试行）》（国家电网营销〔2020〕480 号）第 6.4.5 条的规定："客户现场作业时，应执行工作票'双许可'制度。工作许可人对工作票中所列安全措施的正确性、完备性，现场安全措施的完善性以及现场停电设备有无突然来电的危险等内容负责，经双方签字确认后方可开始工作"。

（26）通信作业施工现场，工作票中缺少工作班成员签字，如图 3-26 所示，属Ⅲ类严重行为违章。

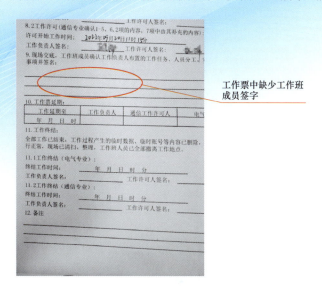

图 3-26　工作票中缺少工作班成员签字

 违章后果：工作现场未对工作班成员进行工作任务、安全措施、危险点交底，可能会对人员、电网、设备安全造成威胁。

 违反条款：违反《国家电网公司电力安全工作规程（电力通信部分）（试行）》（国家电网安质〔2018〕396 号）第 3.2.8.2 条的规定"工作负责人：c）工作前，对工作班成员进行工作任务、安全措施和风险点告知，并确认每个工作班成员都已清楚并签名"。

（27）通信工作票中工作班成员未经安全准入考试并合格，如图 3-27 所示，属Ⅲ类严重管理违章。

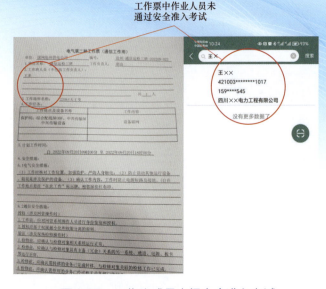

图 3-27　工作班成员未经安全准入考试

 违章后果：作业人员未经安全准入考试并合格，可能会对人员、电网、设备安全造成威胁。

 违反条款：违反《国家电网公司电力安全工作规程（电力通信部分）（试行）》（国家电网安质〔2018〕396 号）第 2.1.3 条的规定"作业人员对本规程应每年考试一次。因故间断电力通信工作连续六个月以上者，应重新学习本规程，并经考试合格后，方可恢复工作"。

二、一般违章

（28）进行电力通信光缆接续工作时，工作场所周围未装设遮栏（围栏、围网）、标示牌，如图3-28所示，属一般行为违章。

工作场所周围未装设遮栏、标示牌

图 3-28　光缆接续周围未装设遮栏、标示牌

 违章后果：电力通信光缆接续工作时，工作场所不装设遮拦（围栏、围网）、标示牌，易造成非作业人员误入工作场所误碰光缆，造成人身和设施损害。

 违反条款：违反《国家电网公司电力安全工作规程（电力通信部分）（试行）》（国家电网安质〔2018〕396 号）第 7.8 条的规定"进行电力通信光缆接续工作时，工作场所周围应装设遮栏（围栏、围网）、标示牌，必要时派人看管。因工作需要必须短时移动或拆除遮栏（围栏、围网）、标示牌时，应征得工作负责人同意，工作完毕后应立即恢复"。

（29）在通信电源巡视工作现场，工作负责人擅自改动通信电源设备运行参数，如图 3-29 所示，属一般行为违章。

擅自改动通信电源设备运行参数

图 3-29　现场巡视擅自改动通信电源设备运行参数

 违章后果：工作负责人及现场作业人员在未经批准的情况下，修改运行中电源设备运行参数，可能会造成设备运行异常，严重时可能会造成设备因故障而停运的严重风险。

 违反条款：违反《国家电网公司电力安全工作规程（电力通信部分）（试行）》（国家电网安质〔2018〕396 号）第 9.2.4 条的规定"未经批准不得修改运行中电源设备运行参数"。

（30）变电站通信电源未正常按要求布置交流输入自动切换装置，使用手动切换装置实现通信电源的双交流输入，如图 3-30 所示，属一般装置违章。

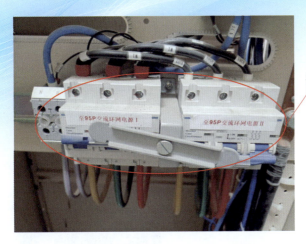

通信电源双交流输入
配置手动切换装置

图 3-30　通信电源双交流输入配置手动切换装置

 违章后果：通信电源未正常布置自动化切换装置，当在用一路交流停电时，通信电源无法自动切换到另一路交流供电，导致通信电源所带交流负载全部停运，直流负载只能短时依靠蓄电池组供电，无法确保负载安全稳定运行。

 违反条款：违反《国家电网有限公司十八项电网重大反事故措施（2018 年修订版）》第 16.3.1.11 条的规定"每套通信电源应有两路分别取自不同母线的交流输入，并具备自动切换功能"。

（31）通信电源直流配电屏内，所接入的继电保护装置接口设备的专用线缆及开关，未采用具有醒目颜色的标识，如图 3-31 所示，属一般行为违章。

违章后果：承载继电保护等重要业务的通信线缆及电源开关，未采用醒目标识，将造成保护业务和通道对应的线缆梳理困难，使得通道及保护切改作业人员误断误护业务及通道的风险大大增加。

违反条款：违反《国家电网有限公司十八项电网重大反事故措施（2018 年修订版）》第 16.3.2.9 条的规定"承载继电保护、安全自动装置业务的专用通信线缆、配线端口等应采用醒目颜色的标识"。违反《电力系统通信站安装工艺规范》第 9 条的标识要求规定"所有涉及保护、稳定业务的专用设备、专用传输设备接口板、线缆、配线端口、电源系统等标识应采用与其他标识不同的醒目颜色"。

保护等重要业务的通信线缆及电源开关，未采用醒目标识

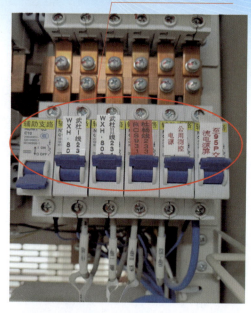

图 3-31　保护等重要业务的通信线缆及电源开关，未采用醒目标识

（32）空调及温湿度检测系统接入新的配电箱，未及时更新业务标识标签，如图 3-32 所示，属一般行为违章。

空调及监控业务更改时，未及时更新业务标识标签

图 3-32　未及时更新业务标识标签

 违章后果：未及时更新标识标签，将造成空调及温湿度检测系统业务的难于辨识，易造成对照混乱，严重时造成设备误停误断。

 违反条款：违反《国家电网公司电力安全工作规程（电力通信部分）（试行）》（国家电网安质〔2018〕396 号）第 6.8 条的规定"业务通道投退时，应及时更新业务标识标签和相关资料"。

（33）在光缆纤芯测试过程中，不正确规范使用光时域反射仪（OTDR），未提前断开被测纤芯对端的电力通信设备和仪表，如图 3-33 所示，属一般行为违章。

测试时，未断开对端的通信设备和仪表

图 3-33　光缆纤芯测试时，未断开对端的通信设备和仪器

 违章后果：使用光时域反射仪（OTDR）进行光缆纤芯测试时，不断开被测纤芯对端的电力通信设备和仪表，存在设备和仪表严重损坏的风险。

 违反条款：违反《国家电网公司电力安全工作规程（电力通信部分）（试行）》（国家电网安质〔2018〕396 号）第 7.6 条的规定"使用光时域反射仪（OTDR）进行光缆纤芯测试时，应先断开被测纤芯对端的电力通信设备和仪表"。

（34）在工作结束后，未及时再次进行运行方式检查、状态确认和功能检查，导致现场遗留告警未及时处置，如图 3-34 所示，属一般行为违章。

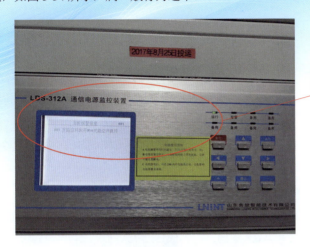

现场遗留告警，办理工作终结手续，离开现场

图 3-34　工作结束后再次进行检查，现场遗留告警

 违章后果：工作结束后，未再次进行运行方式检查、状态确认和功能检查，致使现场遗留告警未及时处置，严重时可能会导致装置损毁或设备停运的风险。

 违反条款：违反《国家电网公司电力安全工作规程（电力通信部分）（试行）》（国家电网安质〔2018〕396 号）第 3.4.2 条的规定"工作结束后，工作负责人应向工作许可人交待工作内容、发现的问题和存在问题等。并会同工作许可人进行运行方式检查、状态确认和功能检查，各项检查均正常方可办理工作终结手续。"

（35）在通信机房的保护接口装置安装过程中，未对保护接口装置型号和名称进行明确标识，如图3-35所示，属一般行为违章。

 违章后果：未及时正确规范标识保护接口装置名称和型号，存在通信电源接入保护负载不明确，不清晰，通信配线屏2M线接入保护装置不明确、不清晰，严重时导致保护装置误断误停风险。

 违反条款：违反《国家电网公司电力安全工作规程（电力通信部分）（试行）》（国家电网安质〔2018〕396号）第6.8条的规定"业务通道投退时，应及时更新业务标识标签和相关资料"。违反《国家电网有限公司十八项电网重大反事故措施（2018年修订版）》第16.3.2.9条的规定"承载继电保护、安全自动装置业务的专用通信线缆、配线端口等应采用醒目颜色的标识"。

保护接口装置型号名称均无明确标识

图3-35　保护接口装置未进行明确标识

（36）机柜内综合布线过程中，线缆交叉凌乱，标识标签不清晰，如图 3-36 所示，属一般行为违章。

线缆交叉凌乱，标识标签不清晰

图 3-36　综合布线线缆交叉凌乱，标识标签不清晰

 违章后果：线缆交叉凌乱，标识标签不清晰，易造成误碰误断业务，造成各类通信线缆尾纤等易折易断的重要风险。

 违反条款：违反《国家电网有限公司十八项电网重大反事故措施（2018 年修订版）》第 16.4.2.2 条的规定"信息机房内设备及线缆应具备标签标识，标签内容清晰、完整、符合公司相关规定"。违反《国家电网公司电力安全工作规程（电力通信部分）（试行）》（国家电网安质〔2018〕396 号）第 6.8 条的规定"业务通道投退时，应及时更新业务标识标签和相关资料"。

（37）在信息机房改造施工过程中，未全面实现线缆布置的强弱电分离，线缆走线交叉凌乱，如图 3-37 所示，属一般行为违章。

强弱电未分离，
线缆交叉凌乱

图 3-37　强弱电未分离，线缆走线交叉凌乱

 违章后果：机房内未有效实现机房布线的强弱电分离，并且线缆走线交叉凌乱，造成误碰误动的风险加大，线缆走线易折易断风险增加。

 违反条款：违反《国家电网有限公司十八项电网重大反事故措施（2018 年修订版）》第 16.4.2.1 条的规定"信息机房线缆部署应实现强弱电分离，并完善防火阻燃、阻火分隔、防潮、防水及防小动物等各项安全措施"。

（38）在 UPS 交流输入屏安装监控采集装置过程中，未在 ATS 上口两路交流分别各安装 1 路采集点位装置，如图 3-38 所示，属一般装置违章。

 违章后果：未在 ATS 装置上口的两路交流输入开关处各分别安装 1 路交流监控采集点位装置，导致现场单路交流失电，远程电源监控系统无告警，使得危及电源安全运行的重要故障得不到及时处置。

 违反条款：违反《〈国家电网有限公司十八项电网重大反事故措施（2018 年修订版）〉》第 16.3.3.2 条的规定"通信站内主要设备及机房动力环境的告警信息应上传至 24h 有人值班的场所。通信电源系统及一体化电源-48V 通信部分的状态及告警信息应纳入实时监控，满足通信运行要求"。违反《通信电源核心监测指标采集点位规范》第 3 条的规定"通信专用 UPS 电源系统核心监测指标"。

UPS交流输入屏的监控点位采集不到位，没有正确接入采集线

图 3-38　UPS 交流输入屏的监控点位采集不到位，没有正确接入采集线

（39）在通信系统春检春查现场，未及时开展设备除尘，滤网和防尘罩清洗工作，如图3-39所示，属一般行为违章。

电源模块未及时除尘，影响设备散热和正常运行

图 3-39　设备未及时除尘

 违章后果：设备灰尘较多，未及时处理，将严重影响设备散热和正常运行，危害设备运行寿命，导致设备停运风险增加。

 违反条款：违反《国家电网有限公司十八项电网重大反事故措施（2018年修订版）》第16.3.3.15条的规定"应定期开展机房和设备除尘工作。每季度应对通信设备的滤网，防尘罩等进行清洗"。

（40）在通信电源及监控系统巡视作业中，连接高频开关电源的监控破译采集线受损严重，监控信号缺失，未及时整改处置，如图 3-40 所示，属一般行为违章。

 违章后果：高频开关电源的监控破译采集线破损严重，远程监控信号缺失，导致现场电源的危急告警故障无法远传，通信调度人员和运维人员将不能及时联合处置故障情况，存在电源设备断电和所承载的各类业务全部停运而得不到及时处置的严重风险。

 违反条款：违反《国家电网有限公司十八项电网重大反事故措施（2018 年修订版）》第 16.3.3.2 条的规定"通信站内主要设备及机房动力环境的告警信息应上传至 24h 有人值班的场所。通信电源系统及一体化电源－48V 通信部分的状态及告警信息应纳入实时监控，满足通信运行要求"。

高频开关电源的监控破译采集线已被压断，未及时整改处置

图 3-40　监控系统信号缺失

（41）在通信设备巡视过程中，未经授权，私自更改通信电源系统自带监控器的口令密码，如图3-41 所示，属一般行为违章。

 违章后果：在未取得任何授权或履行审批手续的情况下，私自更改电力通信系统设备口令密码，易造成紧急情况下，监控系统面板无法进入启动使用和参量维护，严重时造成设备被迫宕机停运风险。

 违反条款：违反《国家电网公司电力安全工作规程（电力通信部分）（试行）》（国家电网安质〔2018〕396 号）第 5.1 条的规定"巡视时不得改变电力通信系统或机房动力环境设备的运行状态。发现异常问题，应及时报告电力通信运维单位（部门）；非紧急情况的异常问题处理，应获得电力通信运维单位（部门）批准"。

未经授权，私自更改口令

图 3-41　未经授权，私自更改口令

（42）在通信电源设计安装施工现场，每个通信电源模块未加装独立空气开关，使用一个空气开关控制三个通信电源模块，如图 3-42 所示，属一般装置违章。

违章后果：当出现开关故障或设备电压电流异动时，存在因单个控制开关误断或误停，造成多个通信电源模块停运，严重时会导致通信电源及负载全停。

违反条款：违反《国家电网有限公司十八项电网重大反事故措施（2018 年修订版）》第 16.3.1.13 条的规定"通信电源每个整流模块交流输入侧应加装独立空气开关；采用一体化电源供电的通信站点，在每个 DC/DC 转换模块直流输入侧应加装独立空气开关"。违反《通信电源技术、验收及运行维护规程》第 5.2.4.6 条的规定"高频开关电源整流模块交流输入侧应加装独立空气开关，整流模块性能应满足 YD/T 731—2018 的技术要求"。

一个空气开关控制三个电源模块

图 3-42　一个空气开关
控制三个电源模块

（43）在通信电源改造现场，使用临时电源接入转移的负载设备，临时电源接入无标识，线缆无标签，所转移业务的接入开关和线缆走向不清晰明确，如图3-43所示，属一般行为违章。

 违章后果：电源改造过程中，需转移的业务设备接入临时电源，临时电源接入开关和线缆标识不明确，造成业务接入点无法辨识，业务设备和临时电源设备将同时存在误停误断风险，造成电源六级风险预警管理措施执行不到位。

 违反条款：违反《国家电网公司电力安全工作规程（电力通信部分）（试行）》（国家电网安质〔2018〕396号）第6.8条的规定"业务通道投退时，应及时更新业务标识标签和相关资料"。违反《国家电网有限公司十八项电网重大反事故措施（2018年修订版）》第16.3.3.9条的规定"通信运行部门按照通信运行风险预警管理规范要求下达风险预警单，相关部门严格落实风险防范措施"。

临时电源接入未标识，转移业务接入开关和线缆不明确

图 3-43　临时电源接入未标识

（44）在调度交换系统维护过程中，主运行板卡没有及时维护到位，主备板卡未定期进行倒换测试，导致数据丢失，业务停运，如图 3-44 所示，属一般行为违章。

违章后果：调度交换系统未定期维护，主运行板卡出现掉电和数据丢失，备用板卡未正常启动，导致部分区域调度电话业务瘫痪。

违反条款：违反《国家电网有限公司十八项电网重大反事故措施（2018 年修订版）》第 16.3.3.17 条的规定"调度交换系统运行数据应每月进行备份，当系统数据变动时，应及时备份。调度录音系统应每周进行检查，确保运行可靠，录音效果良好，录音数据准确无误，存储容量充足。调度录音系统服务器应保持时间同步"。

板卡的卡扣未牢靠地卡好，主板卡异常掉电，备板卡未正常切换，导致数据丢失和业务停运

图 3-44　主运行板卡没有及时维护到位

（45）在临时电源使用维护过程中，现场工作班成员和监护人员均长时间未在现场，使得重要运行中的试验设备失去管控，无人值守，如图 3-45 所示，属一般行为违章。

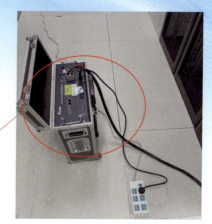

临时电源充电试验时，现场监护人员离开

图 3-45　临时电源充电试验时，现场监护人员离开

违章后果：临时电源充放电过程中，现场值守人员缺失，监护人员无故离开，易造成临时电源充放电过程中的异常问题，得不到及时处置，严重时存在设备过充过放等造成的火灾风险。

违反条款：违反《国家电网公司电力安全工作规程（电力通信部分）（试行）》（国家电网安质〔2018〕396 号）第 3.2.8.4 条的规定"b）服从工作负责人的指挥，严格遵守本规程和劳动纪律，在确定的作业范围内工作，对自己在工作中的行为负责，互相关心工作安全"。

（46）蓄电池室吊顶年久失修，雨季开始渗漏水，未及时修缮，造成蓄电池组监控单元短路故障，如图 3-46 所示，属一般行为违章。

违章后果：蓄电池组所在环境不利于蓄电池组正常运行，未及时整治，存在渗漏水致蓄电池单体之间，蓄电池组监控单元回路的短路风险，严重时将引发火灾。

违反条款：违反《国家电网有限公司十八项电网重大反事故措施（2018 年修订版）》第 16.4.3.1 条的规定"严格执行信息通信机房管理有关规范，确保机房运行环境符合要求。室内机房物理环境安全应满足网络安全等级保护物理安全要求及信息系统运行要求，室外设备物理安全需满足国家对于防盗、电气、环境、噪声、电磁、机械结构、铭牌、防腐蚀、防火、防雷、接地、电源和防水等要求"。

蓄电池室屋顶漏水，未及时修缮，造成蓄电池监控单元短路故障

图 3-46　蓄电池室屋顶漏水

（47）在通信机房内的带电运行设备附近，拽拉电源线，裸线头未做绝缘处理，如图 3-47 所示，属一般行为违章。

图 3-47　带电运行设备附近，拽拉电源线，裸线头未做绝缘处理

 违章后果：带电运行设备附近，拽拉电源线，电源线的裸露线头未做绝缘处理，严重时可导致人员触电风险。

 违反条款：违反《国家电网公司电力安全工作规程（电力通信部分）（试行）》（国家电网安质〔2018〕396 号）第 9.1.4 条的规定"裸露电缆线头应做绝缘处理"。

（48）在变电站通信机房进行空调管路焊接作业时，未规范运送和存储气瓶，将易燃气瓶捆绑在一起，如图3-48所示，属一般行为违章。

违章后果：变电站通信机房空调焊接作业前，未对气瓶存储和运送进行规范，不按相关规定进行运送和放置，存在易燃易爆风险，严重时，将引发重大火灾。

违反条款：违反《国家电网公司电力安全工作规程　变电部分》第16.5.6条的规定"气瓶存储应符合国家有关规定"；第16.5.7条的规定"气瓶搬运应使用专门的抬架或手推车"；第16.5.9条的规定"禁止把氧气瓶及乙炔气瓶放在一起运送，也不准与易燃物品或装有可燃气体的容器一起运送"。

易燃易爆气体捆绑带入变电站
通信机房

图 3-48　焊接作业未规范运送和存储气瓶

（49）在变电站通信电源维护过程中，将通信机房交流电源总输入开关与站内除湿机电源开关共用一个，如图 3-49 所示，属一般行为违章。

 违章后果：站内交流 380V 开关数量有限，将通信机房交流总输入开关与其他装置的开关合并使用，造成不同电气区域的设备误停误断，严重时将造成重要设备及业务停运事件。

 违反条款：违反《国家电网有限公司十八项电网重大反事故措施（2018 年修订版）》第 16.3.2.10 条的规定"通信设备应采用独立的空气开关、断路器或直流熔断器供电，禁止并接使用。各级开关、断路器或熔断器保护范围应逐级配合，下级不应大于其对应的上级开关、断路器或熔断器的额定容量，避免出现越级跳闸，导致故障范围扩大"。

通信机房交流电源总输入与站内除湿机电源共用一个空气开关

图 3-49 通信设备与其他装置共用开关

（50）在通信蓄电池维护过程中未使用经绝缘处理的工器具，便开展安装或拆除蓄电池连接铜排或线缆的操作，如图 3-50 所示，属一般行为违章。

拆除蓄电池连接铜排，未使用经绝缘处理的工器具

 违章后果：在通信蓄电池改造过程中，安装或拆除蓄电池连接铜排或线缆，未使用经绝缘处理的工器具，将造成蓄电池正负极短接风险，严重时引发火灾。

 违反条款：违反《国家电网公司电力安全工作规程（电力通信部分）（试行）》（国家电网安质〔2018〕396 号）第 9.3.2 条的规定"安装或拆除蓄电池连接铜排或线缆时，应使用经绝缘处理的工器具，严禁将蓄电池正负极短接"。

图 3-50　蓄电池连接线拆除未使用经绝缘处理的工器具

（51）在电力通信网管维护过程中，采用接入互联网等公共网络的方式开展维护工作，如图 3-51 所示，属一般行为违章。

通过接入互联网等公共网络进行电力通信网管维护

图 3-51　电力通信网管维护接入互联网等公共网络

违章后果：从互联网等公共网络直接接入电力通信网管系统，开展相关维护工作，造成电力通信网管系统的严重网络安全风险。

违反条款：违反《国家电网公司电力安全工作规程（电力通信部分）（试行）》（国家电网安质〔2018〕396 号）第 8.6 条的规定"电力通信网管维护工作不得通过互联网等公共网络实施。禁止从任何公共网络直接接入电力通信网管系统"。

（52）在通信机房 UPS（不间断电源）维护过程中，配置旁路检修开关的不间断电源检修时，停机及断电顺序不规范，在未使用电源监控软件转旁路开关程序之前，直接进行手动旁路开关硬操作，如图 3-52 所示，属一般行为违章。

UPS（不间断电源）停机
及断电未按规范操作

图 3-52　UPS（不间断电源）停机及断电未按规范操作

违章后果：配置旁路检修开关的不间断电源检修时，在未使用电源监控软件转旁路开关程序之前，直接进行手动旁路开关硬操作，将造成不间断电源严重损毁风险。

违反条款：违反《国家电网公司电力安全工作规程（电力通信部分）（试行）》（国家电网安质〔2018〕396 号）第 9.2.3 条的规定"配置旁路检修开关的不间断电源设备检修时，应严格执行停机及断电顺序"。

（53）在通信机房蓄电池室内进行布线工作，室内地面走线未设置强弱线槽或桥架，如图 3-53 所示，属一般行为违章。

通信机房蓄电池室内的地面走线，未设置线槽或桥架

图 3-53　通信机房蓄电池室走线未设置强弱线槽或桥架

 违章后果：通信设备室内布线时，地面走线未设置强弱电槽或桥架时，走线凌乱，直接与地面接触，将造成地面水浸时，运行线缆的短路风险，严重时引发火灾。

 违反条款：违反《电力系统通信站安装工艺规范》第 7.2.2 条的规定"室内布线应满足强弱电分离原则，分别设置强电、弱电线槽或桥架，电力线和信息号线应分别敷设在强电、弱电线槽或桥架内，走线应整齐美观安全"。

（54）在通信电源改造过程中，拆接负载电缆前，未提前断开电源的输出开关，如图 3-54 所示，属一般行为违章。

拆接负载电缆前，应断开电源的输出开关

图 3-54　拆接负载电缆前，未提前断开电源的输出开关

　违章后果：拆接负载电缆前，未提前断开电源的输出开关，易造成负载设备运行板卡故障损坏风险。

　违反条款：违反《国家电网公司电力安全工作规程（电力通信部分）（试行）》（国家电网安质〔2018〕396 号）第 9.1.2 条的规定"拆接负载电缆前，应断开电源的输出开关"。

（55）在低压不停电的通信电源屏内进行连接线缆和传递工器具中，作业人员未正确佩戴手套进行作业，如图3-55所示，属一般行为违章。

运行设备中，传递工具或接线，未戴好绝缘手套

图3-55　运行设备中传递工器具或接线，未戴好绝缘手套

 违章后果：作业人员在低压不停电的通信电源内进行穿接线工作，未正确使用绝缘手套等安全防护用品，严重时可导致人身触电。

 违反条款：违反《国家电网公司电力安全工作规程　变电部分》第12.4.2条的规定"使用有绝缘柄的工具，其外裸的导电部位应采取绝缘措施，防止操作时相间或相对地短路。工作时，应穿绝缘鞋和全棉长袖工作服，并戴手套，安全帽和护目镜，站在干燥的绝缘物上进行"。

（56）在通信承载各类业务的 2M 配线屏上工作，使用手写标签标识继电保护、安全自动装置等业务，标识不清，颜色混乱不醒目，如图 3-56 所示，属一般行为违章。

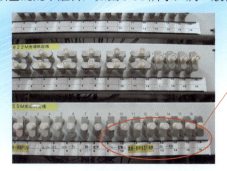

保护业务标识不清，颜色混乱，打印标签和手写标签共存

图 3-56　配线架上的保护业务标识不清，颜色混乱

 违章后果：在通信 2M 配线屏上配置通信承载的保护等各类业务时，标示标签未按照规定要求配置，存在误断误停重要业务的风险.

 违反条款：违反《国家电网公司电力安全工作规程（电力通信部分）（试行）》（国家电网安质〔2018〕396 号）第 6.8 条的规定"业务通道投退时，应及时更新业务标识标签和相关资料"；违反《国家电网有限公司十八项电网重大反事故措施（2018 年修订版）》第 16.3.2.9 条的规定"直埋光缆（通信电缆）在地面应设置清晰醒目的标识。承载继电保护、安全自动装置业务的专用通信线缆、配线端口等应采用醒目颜色的标识"。违反《电力系统通信站安装工艺规范》第 9 条标识要求规定"j）所有涉及保护、稳定业务的专用设备、专用传输设备接口板、线缆、配线端口、电源系统等标识应采用与其他标识不同的醒目颜色"。

（57）在开展通信电源设备操作过程中，未提前核准电源负载情况，即断开通信电源开关，导致误停误断负载设备，如图 3-57 所示，属一般行为违章。

未确认负载已全部转移或关闭，断开通信电源总开关

图 3-57　未提前核准电源负载情况，即断开通信电源

 违章后果：通信电源设备操作过程中，未提前核准电源开关所联动的全部负载已转移或关闭，断开电源开关，存在误断误停负载设备的严重风险。

 违反条款：违反《国家电网公司电力安全工作规程（通信部分）》（国家电网安质〔2018〕396 号）第 9.2.1 条的规定"电源设备断电检修前，应确认负载已转移或关闭"。

（58）在通信电源负载线切改过程中，作业人员戴手表在运行通信电源的底部进行穿接线工作，如图 2-58 所示，属一般行为违章。

戴手表等金属饰品，在运行通信电源底部穿接线操作

图 3-58　作业人员戴手表在运行通信电源底部穿线操作

 违章后果：作业人员戴着手表进行在运行电源的负载穿接线工作，存在误碰误接触电源屏内带电体的危险，严重时导致人员触电。

 违反条款：违反《电力系统通信站安装工艺规范》第 8.4 条的规定"操作设备前，应去除首饰和手表等易导电物体，佩戴防静电手套或手环，并将防静电手套或手环的另一端良好接地"。

（59）在通信电源监控维护过程中，未正确部署通信电源交流监控采集点，采集点位不满足通信运行要求，如图 3-59 所示，属一般行为违章。

电源监控采集点位布置不正确，不满足通信运行要求

图 3-59　监控采集点部署不正确

 违章后果：电源交流监控采集点部署不正确，未有效反映电源监控告警信息，造成远端告警信息误判，严重时将导致电源误停误断和重要告警得不到及时处置的风险。

 违反条款：违反《国家电网公司十八项电网重大反事故措施》第 16.3.3.2 条的规定"通信站内主要设备及机房动力环境的告警信息应上传至 24h 有人值班的场所。通信电源系统及一体化电源−48V 通信部分的状态及告警信息应纳入实时监控，满足通信运行要求"。

（60）在线路登高作业或电力通信光缆维护过程中，作业人员忽视通信光缆余缆架，余缆及接头盒等设施，随意踩踏光缆余缆架等，如图 3-60 所示，属一般行为违章。

作业人员踩踏电力通信光缆的余缆架

图 3-60　作业人员踩踏电力通信光缆的余缆架

 违章后果：作业人员在登高进行光缆维护作业或其他线路作业过程中，踩踏电力通信光缆余缆架，导致余缆架松动不牢靠，可靠性降低，严重时将导致余缆架坠落，使得光缆折损中断。

 违反条款：违反《国家电网公司电力安全工作规程（通信部分）》第 7.5 条的规定"严禁踩踏光缆接头盒、余缆及余缆架；严禁在光缆上堆放重物"。

（61）在通信电源巡视过程中，未经批准，私自更改、清除通信电源动力环境告警信息，如图 3-61 所示，属一般行为违章。

巡视时未经批准，更改、清除通信电源动力环境告警信息

图 3-61　私自改动电源告警信息

违章后果：在通信电源巡视过程中，未经批准，私自改动电源告警信息，关闭报警装置，导致远端监控告警消失，存在设备监控信息误判误动风险，危急设备的严重告警得不到及时处置，将导致设备严重损毁风险。

违反条款：违反《国家电网公司电力安全工作规程（通信部分）》第 5.2 条的规定"巡视时未经批准，不得更改、清除电力通信系统或机房动力环境告警信息"。

（62）在 10kV 高压用户送电作业现场，作业人员验电时未戴绝缘手套，如图 3-62 所示，属一般行为违章。

验电时未戴绝缘手套

图 3-62　验电时未戴绝缘手套

 违章后果：绝缘手套属于辅助绝缘工器具，正确地使用绝缘手套进行倒闸操作，可增加高压验电人员的安全防护，如作业人员验电不戴绝缘手套，缺少一道安全防护措施，存在验电时发生人身触电的安全风险。

 违反条款：违反《国家电网有限公司营销现场作业安全工作规程（试行）》（国家电网营销〔2020〕480 号）第 7.3.3 条的规定"高压验电应戴绝缘手套。验电器的伸缩式绝缘棒长度应拉足，验电时手应握在手柄处，不得超过护环"。

（63）作业人员进入作业现场未佩戴安全帽，未规范穿全棉长袖工作服，如图 3-63 所示，属一般行为违章。

作业人员未佩戴安全帽、未规范着工作服

图 3-63　作业人员未佩戴安全帽、未规范着工作服

 违章后果： 进入作业现场不按规定佩戴安全帽、未规范着工作服以及绝缘鞋等，不能有效为参与作业的人员提供个人安全防护，特别存在坠物伤人、灼伤触电等安全隐患。

 违反条款： 违反《国家电网有限公司营销现场作业安全工作规程（试行）》（国家电网营销〔2020〕480 号）第 5.1.5 条的规定"5.1.5 进入作业现场应正确佩戴安全帽（实验室计量工作除外），现场作业人员还应穿全棉长袖工作服、绝缘鞋。"

（64）在用户配电室送电现场，一名作业人员单独垂直搬运梯子，如图 3-64 所示，属一般行为违章。

配电室内单独搬运梯子

图 3-64　用户配电室垂直搬运梯子

 违章后果：垂直搬运梯子，容易造成梯子顶部碰触到电缆桥架，可能造成人身触电风险。

 违反条款：违反《国家电网有限公司营销现场作业安全工作规程（试行）》（国家电网营销〔2020〕480 号）第 20.3.7 条的规定"在户外变电站、配电站和高压室内搬动梯子、管子等长物，应放倒，由两人搬运，并与带电部分保持足够的安全距离"。

（65）充电桩设备巡视过程中，一名工作人员单独进入并开启箱门进行检查，如图 3-65 所示，属一般行为违章。

图 3-65　工作人员独自开启箱门

 违章后果：单人巡视带电设备，独自打开带电设备柜门，可能造成人员触电危险。

 违反条款：违反《国家电网有限公司营销现场作业安全工作规程（试行）》（国家电网营销〔2020〕480 号）第 6.5.3 条的规定："现场作业人员（包括工作负责人）不宜单独进入或滞留在高压配电室、开闭所等带电设备区域内"和第 16.2.3 条的规定"巡视过程中，巡视人员不得单独开启箱（柜）门"。

（66）光伏电厂验收作业现场，工作人员未佩戴安全帽，如图 3-66 所示，属一般行为违章。

图 3-66　光伏电厂验收作业现场，工作人员未佩戴安全帽

 违章后果：地方电厂（光伏电厂）验收工作人员未佩戴安全帽，可能造成人员人身伤害危险。

 违反条款：违反《国家电网有限公司营销现场作业安全工作规程（试行）》（国家电网营销〔2020〕480 号）第 1.11.7 条的规定"常用安全工器具检查与使用要求：任何人进入生产、施工现场必须正确佩戴安全帽。针对不同生产场所，根据安全帽产品说明选择适用的安全帽"。

（67）电能表更换作业现场，施工人员使用的偏口钳绝缘柄松动脱落，其金属导电部分未采取绝缘包裹措施，如图 3-67 所示，属一般行为违章。

图 3-67　偏口钳绝缘柄松动脱落

偏口钳除刀口以外的金属裸露部分绝缘包裹破损、有伤痕

 违章后果：该现场施工人员使用的偏口钳绝缘柄松动脱落，很容易造成作业人员触电伤害事件。

 违反条款：违反《国家电网有限公司电力安全工作规程　第 8 部分：配电部分》（国家电网企管〔2023〕71 号）第 10.1.8 条的规定"低压电气带电工作使用的工具应有绝缘柄，其外裸露的导电部位应采取绝缘包裹措施；不应使用锉刀、金属尺和带有金属物的毛刷、毛掸等工具。"

（68）电能表模块更换作业现场，更换过程中施工人员未戴手套，如图3-68所示，属一般行为违章。

更换电能表通信模块等采集运维作业未正确佩戴低压绝缘手套

图 3-68　未戴手套更换电能表通信模块

 违章后果：该现场施工人员更换电能表模块时未戴手套，很容易造成作业人员触电伤害事件。

 违反条款：违反《国家电网有限公司营销现场作业安全工作规程（试行）》（国家电网营销〔2020〕480号）第10.1.1条的规定"低压电气工作时应穿绝缘鞋和全棉长袖工作服，并戴低压作业防护手套、安全帽，使用绝缘工具"。

（69）电能表更换作业现场，作业人员未验电打开金属计量箱，如图 3-69 所示，属一般行为违章。

金属计量箱打开
前未验电

图 3-69　金属计量箱打开前未验电

 违章后果：该电能表更换作业现场，作业人员未验电打开金属计量箱，很容易造成作业人员触电伤害事件。

 违反条款：违反《国家电网有限公司营销现场作业安全工作规程（试行）》（国家电网营销〔2020〕480 号）第 12.4.1 条的规定"作业人员在接触运行中的金属计量箱前，应检查接地装置是否良好，并用验电笔确认其确无电压后，方可接触"。

（70）电能表带电更换作业现场，作业人员未及时将拆下的导线采取绝缘包裹措施，如图 3-70 所示，属一般行为违章。

图 3-70　未及时将拆下的导线采取绝缘包裹措施

 违章后果： 该电能表带电更换作业现场，作业人员未及时将拆下的导线采取绝缘包裹措施，很容易造成作业人员触电伤害事件。

 违反条款： 违反《国家电网有限公司营销现场作业安全工作规程（试行）》（国家电网营销〔2020〕480 号）第 12.4.3 条的规定"在不停电的计量箱工作，应采取防止相间短路和单相接地的绝缘隔离措施，拆除导线的裸露部分后，应立即进行绝缘包裹，不得触碰导线裸露部分"。

（71）专用变压器终端更换作业现场，作业人员未及时将拆下的控制回路导线采取绝缘包裹措施，如图 3-71 所示，属一般行为违章。

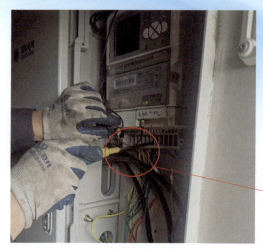

更换采集终端时未对控制回路采取绝缘包裹措施

图 3-71　更换采集终端时控制回路未采取绝缘包裹措施

 违章后果：专用变压器终端更换作业现场，作业人员未及时将拆下的控制回路导线采取绝缘包裹措施，很容易造成设备误跳闸或作业人员触电伤害事件。

 违反条款：违反《国家电网有限公司营销现场作业安全工作规程（试行）》（国家电网营销〔2020〕480 号）第 12.2.1 条的规定"电能表、采集终端装拆、调试时，宜断开各方面电源（含辅助电源）。若不停电进行，应做好绝缘包裹等有效隔离措施，防止误碰运行设备、误分闸"。

（72）计量装置更换作业现场，作业人员对电能表、互感器等材料传递过程中存在抛接现象，如图3-72 所示，属一般行为违章。

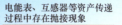

电能表、互感器等资产传递过程中存在抛接现象

图 3-72　采用投掷方式传递材料

 违章后果：该计量装置更换作业现场，作业人员对电能表、互感器等资产传递过程中存在抛接现象，很容易造成计量设备损坏或作业人员砸伤事件。

 违反条款：违反《国家电网有限公司营销现场作业安全工作规程（试行）》（国家电网营销〔2020〕480 号）第 20.1.5 条的规定"高处作业应使用工具袋。上下传递材料、工器具应使用绳索，禁止上下投掷"。

（73）互感器室内检定作业现场，安全围栏设置不完备，如图 3-73 所示，属一般行为违章。

检定实验室安全措施设置不完备

图 3-73　检定实验室安全措施设置

 违章后果：该互感器室内检定作业现场，安全措施不完备，易引起作业人员人身触电事件。

 违反条款：违反《国家电网有限公司营销现场作业安全工作规程（试行）》（国家电网营销〔2020〕480 号）第 8.3.2.6 条的规定"校验现场应装设遮栏或围栏，遮栏或围栏与校验设备高压部分应有足够的安全距离，向外悬挂'止步，高压危险！'标示牌，并派人看守"。

（74）检定实验室内未配置灭火器，如图 3-74 所示，属一般管理违章。

检定实验室内未配置灭火器

图 3-74　检定实验室未配置灭火器

 违章后果：该检定室内未配置灭火器等消防器材，遇突发火情时，存在因无消防器材，而导致火情蔓延，致使人员受伤的隐患。

 违反条款：违反《国家电网有限公司营销现场作业安全工作规程（试行）》（国家电网营销〔2020〕480 号）第 21.1.1 条的规定"对营业厅、计量库房、充换电站等营销服务场所，应建立岗位防火责任制，配齐消防措施，设置相应防火标志，落实专人负责管理，并按规定开展消防设施安全检查、火灾隐患整改以及消防应急预案编制、演练等工作"。

（75）进入立体式计量库房未佩戴安全帽，如图 3-75 所示，属一般行为违章。

进入立体式计量库房
未佩戴安全帽

图 3-75　工作人员在计量库房工作未佩戴安全帽

 违章后果：进入立体式计量库房未佩戴安全帽，易引起作业人员砸伤事件。

 违反条款：违反《国家电网有限公司营销现场作业安全工作规程（试行）》（国家电网营销〔2020〕480 号）第 12.5.7 条的规定"进入立体库房巷道应佩戴安全帽"。

（76）用电检查作业现场，用户变压器容量测试前验电过程中，绝缘棒未拉到位，手握位置超过护环且验电距离小于 0.35m，如图 3-76 所示，属一般行为违章。

用户变压器容量测试前
验电距离小于0.35m

图 3-76　作业人员距变压器安全距离不满足要求

 违章后果：作业人员和用户变压器的安全距离不满足要求，存在高压触电人身伤害的安全风险。

 违反条款：违反《国家电网有限公司营销现场作业安全工作规程（试行）》（国家电网营销〔2020〕480 号）第 7.3.3 条的规定"验电器的伸缩式绝缘棒长度应拉足，验电时手应握在手柄处不得超过护环，人体应与验电设备保持表 6.3.3 中规定安全距离"。

（77）低压反窃电作业现场，作业人员查窃过程未戴低压手套，如图 3-77 所示，属一般行为违章。

作业人员未戴低压手套

图 3-77　作业人员在查窃过程中未戴低压手套

 违章后果：作业人员在查窃过程中未戴手套，存在人身触电伤害的安全风险。

 违反条款：违反《国家电网有限公司营销现场作业安全工作规程（试行）》（国家电网营销〔2020〕480 号）第 10.1.1 条的规定"低压电气工作时应穿绝缘鞋和全棉长袖工作服，并戴低压作业防护手套、安全帽，使用绝缘工具；低压带电作业应戴护目镜，站在干燥的绝缘物上进行，对地保持可靠绝缘"。

（78）高压用电检查作业现场，作业人员进入客户配电室检查，未佩戴安全帽，如图 3-78 所示，属一般行为违章。

作业人员进入客户配电室检查，未佩戴安全帽

图 3-78　作业人员未佩戴安全帽

违章后果：作业人员未佩戴安全帽，因此不能对头部进行有效防护，就存在头部遭到意外伤害的安全风险。

违反条款：违反《国家电网有限公司营销现场作业安全工作规程（试行）》（国家电网营销〔2020〕480 号）第 5.1.5 条的规定"进入作业现场应正确佩戴安全帽（实验室计量工作除外），现场作业人员还应穿全棉长袖工作服、绝缘鞋"。

（79）反窃电作业现场，作业人员未戴手套接触配电盘，如图 3-79 所示，属一般行为违章。

作业人员未戴手套
接触配电盘

图 3-79　作业人员未戴手套接触配电盘

 违章后果：作业人员在反窃电作业过程中不戴手套接触带电设备，就存在人身触电伤害的安全风险。

 违反条款：违反《国家电网有限公司营销现场作业安全工作规程（试行）》（国家电网营销〔2020〕480 号）第 10.1.1 条的规定"低压电气工作时应穿绝缘鞋和全棉长袖工作服，并戴低压作业防护手套、安全帽，使用绝缘工具；低压带电作业应戴护目镜，站在干燥的绝缘物上进行，对地保持可靠绝缘"。

（80）低压集中器更换作业现场，作业人员未佩戴护目镜进行作业，如图 3-80 所示，属一般行为违章。

未佩戴护目镜

图 3-80　作业人员未佩戴护目镜作业

 违章后果：作业人员在反窃电作业过程中不戴手套接触带电设备，就存在人身触电伤害的安全风险。

 违反条款：违反《国家电网有限公司营销现场作业安全工作规程（试行）》（国家电网营销〔2020〕480 号）第 10.1.1 条的规定"低压带电作业应戴护目镜，站在干燥的绝缘物上进行，对地保持可靠绝缘"。

（81）低压表计更换作业现场，作业人员站在铁质三轮车上工作，如图 3-81 所示，属一般行为违章。

站在铁质三轮车

图 3-81　作业人员站在铁质三轮车上作业

 违章后果：低压带电作业过程中，现场作业人员站在铁质三轮车上工作，极易引发人身触电伤亡事件。

 违反条款：违反《国家电网有限公司营销现场作业安全工作规程（试行）》（国家电网营销〔2020〕480 号）第 10.1.1 条的规定"低压电气工作时应穿绝缘鞋和全棉长袖工作服，并戴低压作业防护手套、安全帽，使用绝缘工具；低压带电作业应戴护目镜，站在干燥的绝缘物上进行，对地保持可靠绝缘。"

（82）低压带电作业现场，作业人员未正确佩戴安全帽进行作业，如图 3-82 所示，属一般行为违章。

未正确佩戴安全帽

图 3-82　作业人员未正确佩戴安全帽作业

 违章后果：现场作业人员未规范佩戴安全帽，对现场作业人员遇高空坠物、物体打击对头部起不到保护作业，极易引发人身伤亡事件。

 违反条款：违反《国家电网有限公司营销现场作业安全工作规程（试行）》（国家电网营销〔2020〕480 号）第 5.1.5 条的规定"进入作业现场应正确佩戴安全帽（实验室计量工作除外），现场作业人员还应穿全棉长袖工作服、绝缘鞋"；第 10.1.1 条的规定"低压电气工作时应穿绝缘鞋和全棉长袖工作服，并戴低压作业防护手套、安全帽，使用绝缘工具"。

（83）低压带电作业现场，作业人员未正确佩戴安全帽进行作业，如图 3-83 所示，属一般行为违章。

超出验电器手柄
护环验电

图 3-83　超出验电器手柄护环验电作业

 违章后果：现场使用高压验电器验电，手握验电器手柄，超出验电器手柄护环，极易引发现场验电人员人身触电伤亡事件发生。

 违反条款：违反《国家电网有限公司营销现场作业安全工作规程（试行）》（国家电网营销〔2020〕480 号）第 7.3.3 条的规定"高压验电应戴绝缘手套。验电器的伸缩式绝缘棒长度应拉足，验电时手应握在手柄处不得超过护环，人体应与验电设备保持表 6-1 中规定的安全距离"。

（84）低压带电作业现场，作业人员未佩戴低压防护手套作业，如图3-84所示，属一般行为违章。

未戴低压防护手套

图 3-84 未戴低压防护手套作业

 违章后果：现场作业人员未戴低压防护手套，工作过程中极易引发作业人员手划、碰伤事件。

 违反条款：违反《国家电网有限公司营销现场作业安全工作规程（试行）》（国家电网营销〔2020〕480 号）第 10.1.1 条的规定"低压电气工作时应穿绝缘鞋和全棉长袖工作服，并戴低压作业防护手套、安全帽，使用绝缘工具；低压带电作业应戴护目镜，站在干燥的绝缘物上进行，对地保持可靠绝缘。"

（85）低压带电作业现场，作业人员未穿绝缘胶鞋作业，如图 3-85 所示，属一般行为违章。

未穿绝缘胶鞋

图 3-85　未穿绝缘胶鞋作业

 违章后果：作业期间如若发生触电风险，现场作业人员失去人身保护，极易引发触电身亡事件。

 违反条款：违反《国家电网有限公司营销现场作业安全工作规程（试行）》（国家电网营销〔2020〕480 号）第 5.1.5 条的规定"进入作业现场应正确佩戴安全帽（实验室计量工作除外），现场作业人员还应穿全棉长袖工作服、绝缘鞋。"

（86）低压带电作业现场，作业人员使用金属梯进行登高作业，如图 3-86 所示，属一般行为违章。

使用金属梯

图 3-86　使用金属梯作业

 违章后果：工作现场使用金属梯，极易引发现场工作人员触电伤亡事件发生。

 违反条款：违反《国家电网有限公司营销现场作业安全工作规程（试行）》（国家电网营销〔2020〕480 号）第 20.3.1 条的规定"营销现场近电作业不得使用金属梯，运行的变电站内作业应使用绝缘梯，其他各类营销现场作业宜使用绝缘梯。梯子应坚固完整，有防滑措施，并定期送检。梯子的支柱应能承受攀登时作业人员及所携带的工具、材料的总重量。"

（87）低压居民表计安装作业，现场计量箱与燃气管距离不足，如图 3-87 所示，属一般装置违章。

燃气管线距离不足

图 3-87　燃气管线距离不足作业

 违章后果：对平时检修维护工作带来不便，遇漏电、短路或漏气现象极易引发火灾爆炸事故。

 违反条款：违反《国家电网有限公司营销现场作业安全工作规程（试行）》（国家电网营销〔2020〕480 号）第 12.4.5 条的规定"公共区域内安装计量箱时，应可靠固定，并应注意与水、热、天然气等管线留有足够的安全距离。"

（88）低压居民增容作业，现场计量箱与燃气管距离不足时，无人扶梯作业，如图 3-88 所示，属一般行为违章。

无人扶梯

图 3-88　无人扶梯作业

 违章后果：现场有人在梯子上工作时，梯子无人扶持或未正确扶持及监护不到位，极易引发梯子侧滑造成梯子上作业人员摔伤时间。

 违反条款：违反《国家电网有限公司营销现场作业安全工作规程（试行）》（国家电网营销〔2020〕480 号）第 20.3.3 条的规定"使用梯子前，应先进行试登，确认可靠后方可使用。有人员在梯子上工作时，梯子应有人扶持和监护。"

（89）在通信设备安装施工现场，双电源配置的站点，双路供电的通信设备取自同一套电源系统，如图 3-89 所示，属一般装置违章。

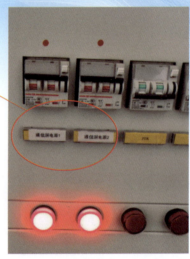

通信设备两路输入全部由同一套电源供电

图 3-89　双路供电的通信设备全部取自一套电源系统

 违章后果：出现通信电源故障时，会导致通信设备全停。

 违反条款：违反《国家电网有限公司十八项电网重大反事故措施（2018 年修订版）》（国家电网安质〔2018〕396 号）第 16.3.1.10 条的规定"在双电源配置的站点，具备双电源接入功能的通信设备应由两套电源独立供电。禁止两套电源负载侧形成并联"。

（90）通信电源接线过程中，裸露电缆线头未做绝缘处理，如图3-90所示，属一般行为违章。

裸露电缆线头未做绝缘处理

图 3-90　裸露电缆线头未做绝缘处理

 违章后果：在接线过程中，裸露电缆线头未做绝缘处理，对设备及人安全造成威胁，严重时会导致设备短路损坏或人身触电。

 违反条款：违反《国家电网公司电力安全工作规程（电力通信部分）（试行）》（国家电网安质〔2018〕396号）第9.1.4条的规定"裸露电缆线头应做绝缘处理"。

（91）在通信电源正常运行时，将两套独立通信电源系统的母联合闸，如图 3-91 所示。属一般装置违章。

将两套独立通信电源系统的母联合闸

图 3-91　将两套独立通信电源系统的母联合闸

 违章后果：正常运行时，将两套独立通信电源系统的母联合闸，会导致两套通信电源形成串联，造成电源短路损坏电源设备。

 违反条款：违反《国家电网有限公司十八项电网重大反事故措施（2018 年修订版）》（国家电网安质〔2018〕396 号）第 16.3.3.6 条的规定"连接两套通信电源系统的直流母联开关应采用手动切换方式。通信电源系统正常运行时，禁止闭合母联开关"。

（92）在通信机房标准化改造通信设备断电搬迁现场，在未确认负载已转移或关闭的情况下，断开电源侧负载空开，如图 3-92 所示，属一般行为违章。

未确认负载已转移或关闭的情况下，断开电源侧负载空开

图 3-92　未确认负载已转移或关闭的情况下，断开电源侧负载空开

 违章后果：在未确认负载已转移或关闭的情况下，断开电源侧负载空开，一方面会造成在承载业务非计划中断，另一方面可能会损坏负载设备。

 违反条款：违反《国家电网公司电力安全工作规程（电力通信部分）（试行）》（国家电网安质〔2018〕396 号）第 9.2.1 条的规定"电源设备断电检修前，应确认负载已转移或关闭"。

（93）双路交流输入切换试验现场，未验证两路交流输入、蓄电池组和连接蓄电池组的直流接触器工作正常即进行切换试验，如图 3-93 所示，属一般行为违章。

未验证两路交流输入、蓄电池组和连接
蓄电池组的直流接触器工作正常

图 3-93　未验证情况下进行双路切换试验

 违章后果：未验证两路交流输入、蓄电池组和连接蓄电池组的流接触器工作正常进行切换试验，如果两路交流输入、蓄电池组和连接蓄电池组的流接触器工作不正常，可能会导致通信电源负载失电，造成非计划中断。

 违反条款：违反《国家电网公司电力安全工作规程（电力通信部分）（试行）》（国家电网安质〔2018〕396 号）第 9.2.2 条的规定"双路交流输入切换试验前，应验证两路交流输入、蓄电池组和连接蓄电池组的直流接触器正常工作，并做好试验过程监视"。

（94）拔插设备板卡时，未佩戴防静电手环，如图 3-94 所示，属一般行为违章。

拔插设备板卡时，未佩戴防静电手环

图 3-94　拔插设备板卡时，未佩戴防静电手环

 违章后果：在拔插设备板卡时，未做好防静电措施，可能会损坏板卡或设备。

 违反条款：违反《国家电网公司电力安全工作规程（电力通信部分）（试行）》（国家电网安质〔2018〕396 号）第 6.3 条的规定"拔插设备板卡时，应做好防静电措施"。

（95）通信设备安装现场，通信设备各级空开容量不匹配，如图 3-95 所示，属一般装置违章。

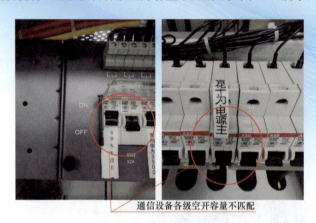

通信设备各级空开容量不匹配

图 3-95　通信设备各级容量不匹配

 违章后果：通信设备各级空开容量不匹配可能会出现越级跳闸，扩大故障范围。

 违反条款：《国家电网公司电力安全工作规程（电力通信部分）（试行）》（国家电网安质〔2018〕396 号）第 9.1.1 条的规定"新增负载前，应核查电源负载能力，并确保各级开关容量匹配"。违反《国家电网有限公司十八项电网重大反事故措施（2018 年修订版）》第 16.3.2.10 条的规定"通信设备应采用独立的空气开关、断路器或直流熔断器供电，禁止并接使用。各级开关、断路器或熔断器保护范围应逐级配合，下级不应大于其对应的上级开关、断路器或熔断器的额定容量，避免出现越级跳闸，导致故障范围扩大"。

（96）在板卡更换现场，检修人员使用普通纸盒存放设备板卡，如图 3-96 所示，属一般行为违章。

使用普通纸盒存放设备板卡

图 3-96　普通纸盒存放设备板卡

 违章后果： 使用普通纸盒存放设备板卡，可能会损坏板卡。

 违反条款： 违反《国家电网公司电力安全工作规程（电力通信部分）（试行）》（国家电网安质〔2018〕396 号）第 6.3 条的规定"拔插设备板卡时，应做好防静电措施；存放设备板卡宜采用防静电屏蔽袋、防静电吸塑盒等防静电包装"。

（97）在进行网管备份时，使用普通优盘备份数据，如图3-97所示，属一般行为违章。

使用普通优盘
备份网管数据

图 3-97　使用普通优盘备份网管数据

 违章后果：使用普通优盘备份网管数据，会对网管安全造成威胁。

 违反条款：《国家电网公司电力安全工作规程（电力通信部分）（试行）》（国家电网安质〔2018〕396号）第8.8条的规定"电力通信网管的数据备份应使用专用的外接存储设备"。违反《国家电网有限公司十八项电网重大反事故措施（2018年修订版）》第16.3.3.14条的规定"加强通信网管系统运行管理，落实数据备份、病毒防范和网络安全防护工作，定期开展网络安全等级保护定级备案和测评工作，及时整改测评中发现的安全隐患"。

（98）在设备故障处理现场，检修人员使用普通法兰串接尾纤来自环光口，如图 3-98 所示，属一般行为违章。

使用普通法兰串接，未串入合适的衰耗（减）器

图 3-98　自环光口未串入合适的衰耗（减）器

 违章后果：自环光口未串入合适的衰耗（减）器可能会损坏设备光模块或板卡。

 违反条款：《国家电网公司电力安全工作规程（电力通信部分）（试行）》（国家电网安质〔2018〕396 号）第 6.9 条的规定"使用尾纤自环光口，发光功率过大时，应串入合适的衰耗（减）器"。

（99）低压表计更换作业现场，未拉开用户侧低压开关，如图3-99所示，属一般行为违章。

未拉开用户侧低压开关

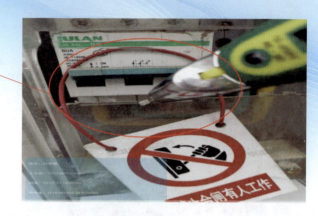

图 3-99　未拉开用户侧低压开关

违章后果：未落实全部安全措施下进行作业，极易导致人身触电。

违反条款：违反《国家电网有限公司营销现场作业安全工作规程（试行）》（国家电网营销〔2020〕480号）7.2.6条的规定"低压配电线路和设备上的停电作业，应先拉开低压侧开关，后拉开低压侧刀闸；作业前检查双电源、多电源和自备电源、分布式电源的客户已采取机械或电气联锁等防止反送电的强制性技术措施"。

（100）低压带电作业现场，作业人员着半袖衬衣参与工作，未按规定穿全棉长袖工作服，如图 3-100 所示，属一般行为违章。

未着全棉长袖工作服

图 3-100　未穿全棉长袖工作服

违章后果：进入现场工作人员未穿全棉长袖工作服，对于引发触电灼伤事件，扩大灼伤面积，增加灼伤程度，提升灼伤等级。

违反条款：违反《国家电网有限公司营销现场作业安全工作规程（试行）》（国家电网营销〔2020〕480 号）第 10.1.1 条的规定"低压电气工作时应穿绝缘鞋和全棉长袖工作服，并戴低压作业防护手套、安全帽，使用绝缘工具"。